AUF IN DIE NATUR

Das Pferd

Frédéric Chéhu

FLEURUS VERLAG

Text: Frédéric Chéhu
Übersetzung aus dem Französischen: Elena Eckert
Umschlaggestaltung und Layout: Sarbacane, Paris

Printed in France by Clerc

Nach den Regeln der neuen Rechtschreibung

ISBN 3-89717-113-9

Titel der französischen Ausgabe:
L'aventure nature, Le cheval

Einleitung

An sanft ansteigenden Weiden entlang führt der Weg vom Dorf hinauf auf die Kuppe der bewaldeten Hügel. In der strahlenden Sonne bewegt sich eine kleine Schar Reiter gelassen im Schritt vorwärts und genießt die wunderbare Landschaft. Sommerliche Wohlgerüche umgeben dich und träumerisch überlässt du dich dem gleichmäßig wiegenden Gang deines Pferdes ...
So kann es aussehen, dein Abenteuer mit den Pferden, jenen sensiblen und intelligenten, edlen und stolzen Tieren! Welchen Weg du im Reitsport auch einschlagen magst, mit diesem Buch lernst du das Wesen der Pferde umfassend kennen und begreifen.
Durch das praktische Taschenbuchformat kann es dich überall hin begleiten – ob zu einem Wanderritt, in die Reithalle oder den Stall.
Rassen und Fellfarben werden dir ebenso erklärt wie Körperbau, Pflege und die verschiedenen Reitsportarten. Dein handlicher Pferdeführer weiht dich ein in die ganz eigene, faszinierende Welt der Pferde.

INHALTSVERZEICHNIS

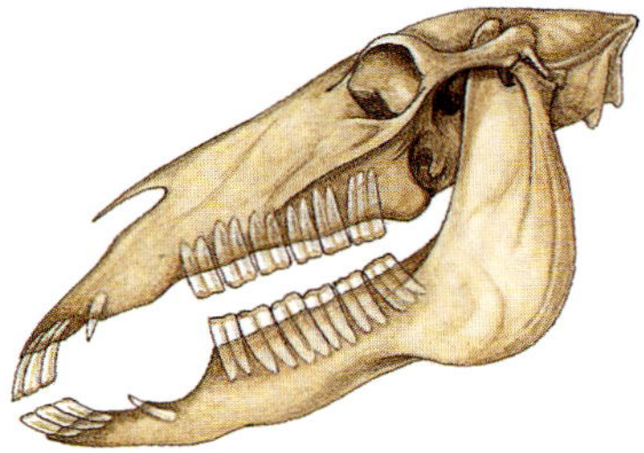

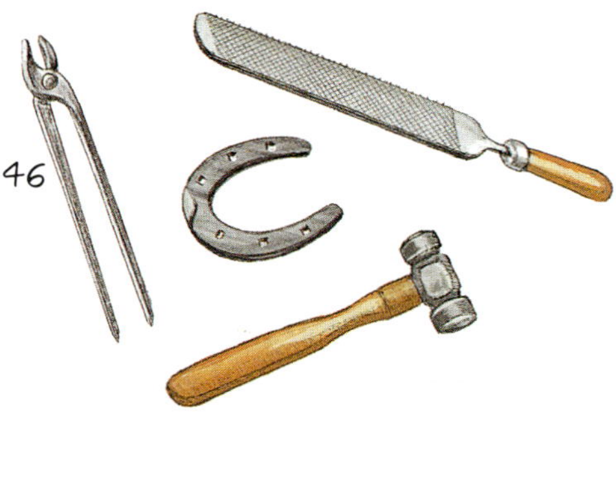

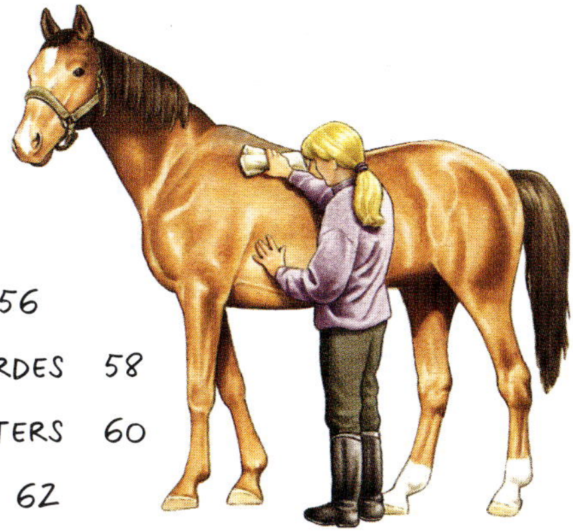

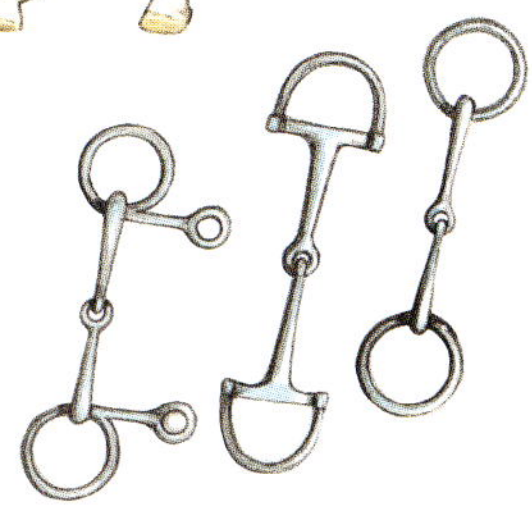

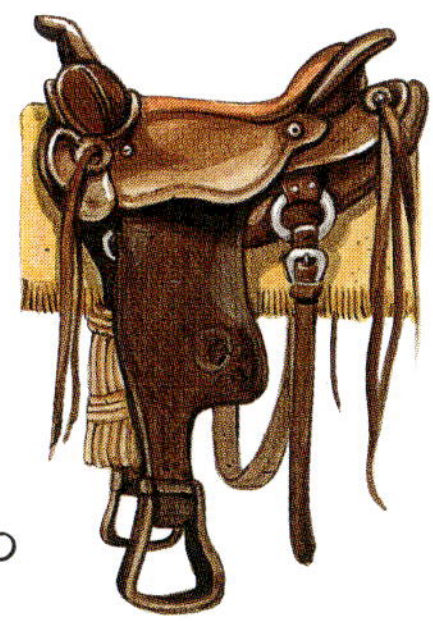

WAS DU ÜBER PFERDE WISSEN SOLLTEST

Sicher weißt du schon einiges über Pferde. Den Menschen in den Städten sind Wesen und Verhalten dieser schönen Tiere aber nicht immer von vornherein vertraut. In den folgenden Kapiteln kannst du die freundlichen Pflanzenfresser besser verstehen lernen und Wissenslücken rund ums Pferd schließen.

Die Natur des Pferdes

Pferde sind sehr ängstlicher Natur. Früher wurden sie von Raubtieren wie Löwen und Hyänen gejagt und mussten sehr wachsam sein. So suchen sie auch heute noch bei Gefahr ihr Heil in der Flucht. Daher solltest du ein Pferd auch nie erschrecken – das könnte gefährlich sein! Näherst du dich dem Pferd dagegen langsam und sprichst mit ihm, bleibt auch das Tier ruhig. Vermutlich hat dieses Fluchtverhalten auch die Entwicklung der Körpergröße beeinflusst: Schließlich läuft es sich mit langen Beinen schneller als mit kurzen! Der Urahn der heutigen Pferde, das Hyracotherium, auch Eohippus genannt, (siehe Seite 10/11), war gerade einmal so groß wie ein Hund.
Auch die klimatischen Veränderungen ihres Lebensraums hatten Einfluss auf die Körpergröße der Pferde. Denn durch das Absinken der Temperatur verwandelte sich der weiche Sumpfboden der tropischen und subtropischen Wälder in futterarme Steppen, die das Pferd in noch größerem Maße Fressfeinden aussetzte. Auch der Mensch griff durch selektive* Zucht in die Entwicklung der Pferde ein, wobei die Zielsetzung (Landwirtschaft, Jagd, Rennsport ...) die Zuchtkriterien bestimmte.

Pflanzenfresser ja, Wiederkäuer nein

Pferde gehören zu den größten Landsäugetieren. Sie ernähren sich ausschließlich vegetarisch, käuen aber im Unterschied zu Kühen und Schafen nicht wieder. Sie müssen also den Nahrungsbrei nicht hochwürgen und ein zweites Mal verdauen. Ein Pferd kann bis zu 15 Stunden am Tag fressen. Die Hauptarbeit beim Verdauen der pflanzlichen Zellulose leistet dabei nicht der verhältnismäßig kleine Magen, sondern der lange Darm und die Darmbakterien.

Ein Einhufer und Unpaarzeher

Das Pferd hat sich im Laufe seiner Evolution vom Mehrzeher zum Einzeher entwickelt. D. h. die mittlere Zehe hat sich zum Huf ausgebildet, während sich die anderen Zehen zurückentwickelt haben. Auch Rinder, Schweine und Schafe sind Huftiere, doch im Gegensatz zum Pferd sind sie Paarhufer. Wie die meisten Pflanzenfresser (oder auch Hund und Katze) sind Pferde Zehenspitzengänger, während wir Menschen oder auch der Bär als Sohlengänger bezeichnet werden.

Equus caballus

- *Domestiziertes Säugetier und Einpaarhufer (auch Unpaarhufer genannt)*
- *Ordnung Perissodactyla (das Hauptgewicht ruht auf der mittleren Zehe)*
- *Familie der Pferdeartigen* (Pferd, Esel, Zebra)*
- *Lebenserwartung: im Durchschnitt 30 Jahre, manchmal auch älter*

Ein soziales Tier

Wie alle Pferdeartigen – z. B. auch ihre Verwandten, die Zebras der afrikanischen Steppe und Halbwüste – sind Pferde Herdentiere. Das bedeutet, dass sie sehr sozial sind und die Gemeinschaft der Herde brauchen. Unter Einsamkeit leiden sie. Deshalb sollten auch unsere Reitpferde nie ohne den Kontakt zu Artgenossen gehalten werden, sonst verkümmern sie seelisch und entwickeln zum Teil schwere Verhaltensstörungen.

DIE VERWANDTEN DES PFERDES

Zur Familie der Pferdeartigen gehören neben den Pferden auch die Zebras und die Esel. Beide Tiergattungen sind eng mit dem Pferd verwandt.

Das Grévy-Zebra

Das Grévy-Zebra ist der größte Vertreter der Pferdeartigen in freier Wildbahn. Es hat ein Stockmaß* von 1,50 m. Heute kommt es nur noch in Nordkenia und im Süden Äthiopiens vor. Seine auffallend großen Ohren erinnern sehr an unsere Hausesel.
Mit dem Esel hat das Grévy-Zebra außerdem sein ausgeprägtes Territoriumsbewusstsein gemeinsam.
Sein Fellkleid ist dicht und eng gestreift, wobei die Bauchunterseite keine Streifen trägt.

Das Steppenzebra

Steppenzebras gibt es noch in verhältnismäßig großer Zahl. Sie leben in Ostafrika, wo man sie bei fast jeder Safari bewundern kann. Es gibt von dieser Art mehrere Unterarten, die sich durch die Streifung ihres Fells unterscheiden. Bei allen sind jedoch die Streifen am Rumpf senkrecht, die der Hinterhand* dagegen waagerecht. Ihr Schrei klingt fast wie das Bellen eines Hundes. Die Größe des Steppenzebras entspricht mit ca. 1,30 m bis 1,50 m Stockmaß in etwa einem großen Pony. Sein Verhalten ist dem der Wildpferde sehr ähnlich. Es lebt in Familienverbänden oder in großen Herden mit einem Leithengst.

Das Bergzebra

Durch den charakteristischen Hautlappen an seinem Hals, lässt sich das Bergzebra leicht vom Steppenzebra unterscheiden.
Auffallend an dem ca. 1,30 m großen Tier sind außerdem die gestreiften Beininnenseiten und die ungewöhnliche Streifung seiner Schwanzquaste. Bergzebras kommen vor allem in Südafrika und in Namibia vor. Im Gegensatz zu den Steppenzebras leben sie aber nicht in vielköpfigen Herden, sondern in kleineren Gruppen zusammen.

Der Afrikanische Wildesel

Die in Somalia und Äthiopien beheimateten Wildesel sind die Vorfahren unserer Hausesel. Leider sind sie vom Aussterben bedroht. Das Fell dieser hoch gewachsenen Esel ist mausgrau, nur die Beine sind dunkler gestreift. Wie der Hausesel hat auch der Wildesel ein ausgeprägtes Territoriumsbewusstsein.

Der Asiatische Wildesel

Auch diese Wildesel kommen nur noch in geringer Zahl vor. Ihr Lebensraum sind die Wüsten und Halbwüsten Asiens. Zwei Hauptvertreter dieser Art sind der **Kiang** und der **Onager**. Kreuzt man diese Wildesel mit Hauseseln, sind die Nachkommen unfruchtbar.

Der Kiang

Der Kiang, der größte Vertreter der Wildesel, lebt in den tibetanischen Hochebenen. Mit seinen relativ kleinen Ohren und dem braunroten Fell ähnelt er dem Pferd.

Der Onager

Der Onager wird auch Persischer Halbesel genannt. Er lebt in der Mongolei, China und im Mittleren Orient, doch auch er ist inzwischen sehr selten geworden. Sein helles, gelbbraunes Fell erinnert an isabellfarbene* Pferde.

RASSE UND GATTUNG

Die Begriffe „Gattung" und „Rasse" bedeuten nicht genau das gleiche. Tiere verschiedener Gattungen können sich untereinander nicht fortpflanzen, bzw. ihre Nachkommen sind unfruchtbar. Man nennt das „Gattungsbarriere". Eine Gattung lässt sich meist in mehrere Untergattungen einteilen, die „Rassen". Kreuzt man zwei Tiere unterschiedlicher Rassen, z. B. ein Shetland-Pony und eine Percheron-Zuchtstute, so kann das Fohlen durchaus fortpflanzungsfähig sein. Dagegen sind die Nachkommen aus der Kreuzung zwischen Esel und Pferdestute (Maultier) bzw. zwischen Pferdehengst und Eselstute (Maulesel) fast immer unfruchtbar.*

Entfernte Verwandte

Den Einhufern oder Pferdeartigen am nächsten verwandt sind Tapire und Nashörner. Auch sie gehören in die Säugetierordnung der Unpaarhufer (Perissodactyla). Obwohl sie so unterschiedlich aussehen, zeigen sie doch ähnliche Verhaltensmuster wie das Pferd, z. B. das Spiel der Ohren.

DIE EVOLUTION DES PFERDES

Der Urahn unserer heutigen Pferde, das Hyracotherium, lebte vor rund 55 Millionen Jahren in den tropischen und subtropischen Wäldern. Es hatte nur die Größe eines Hundes und statt der Hufe Zehen: vier Zehen am Vorder- und drei Zehen am Hinterfuß. Vom Hyracotherium bis zum heutigen Pferd hat die Gattung also eine enorme Entwicklung durchgemacht.

Das Urpferdchen *Hyracotherium*

Verglichen mit den Pferdeartigen der Neuzeit war das Gehirn des Hyracotheriums nicht sehr ausgebildet. Da es sich fast ausschließlich von zarten Blättern ernährte, waren auch die Zähne dieses „Buschschlüpfers" nicht sehr ausgeprägt. Ursprünglich stammt das Hyracotherium, auch *Eohippus* genannt, aus Nordamerika – einem Landstrich, der für die gesamte Entwicklung des Pferdes von großer Bedeutung war. Doch auch hier starben die Wildpferde lange vor der Entdeckung Amerikas durch Christoph Kolumbus aus. Man vermutet, dass dies mit dem Auftreten der ersten Indianer zusammenhängt, die über die damals durch Kontinentalverschiebung entstandene, landfeste Beringbrücke nach Amerika gelangten. Zuvor müssen aber Pferde auf demselben Wege nach Asien und Europa gelangt sein.

Die Entwicklung der Zähne

Mit der klimabedingten Veränderung ihres Lebensraumes von Wald zu Steppe veränderte sich auch die Ernährung der Pferdeartigen: Statt Blättern waren nunmehr harte Gräser die Hauptnahrung. Durch Selektion und Veränderungen im Erbgut setzten sich dementsprechend die Tiere mit kräftigen Zähnen durch. Die Veränderungen des Gebisses beeinflussten auch die Kopfform: Der Gesichtsschädel wurde länger. Die Zähne der Pferdeartigen wachsen ein Leben lang weiter und gleichen so die Abnutzung durch das Verzehren harter Gräser aus.

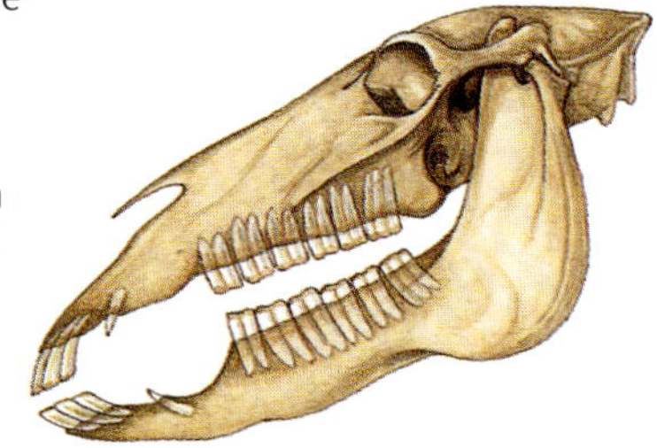

Ein weit verzweigter Stammbaum

Auch wenn die Entwicklung des Pferdes durch zahlreiche Funde fast lückenlos darstellbar ist, darf man sich seine Evolution nicht als eingleisige und chronologische Abfolge von Entwicklungsschritten vorstellen. So ist das Pferd nicht einfach bis in die Neuzeit immer größer geworden oder hat alle Zehen außer dem mittleren von heute auf morgen zurückgebildet. Vielmehr gab es immer wieder Schwankungen oder das Nebeneinander verschiedener Formen. Manche Vorfahren der Pferde waren größer als unsere heutigen Pferde, andere wieder so klein wie einst das *Hyracotherium*. Ihr Stammbaum ähnelt deshalb mehr einem Strauch mit zahlreichen Verästelungen. Leider sind im Laufe der Entwicklung bereits viele Zweige abgestorben.

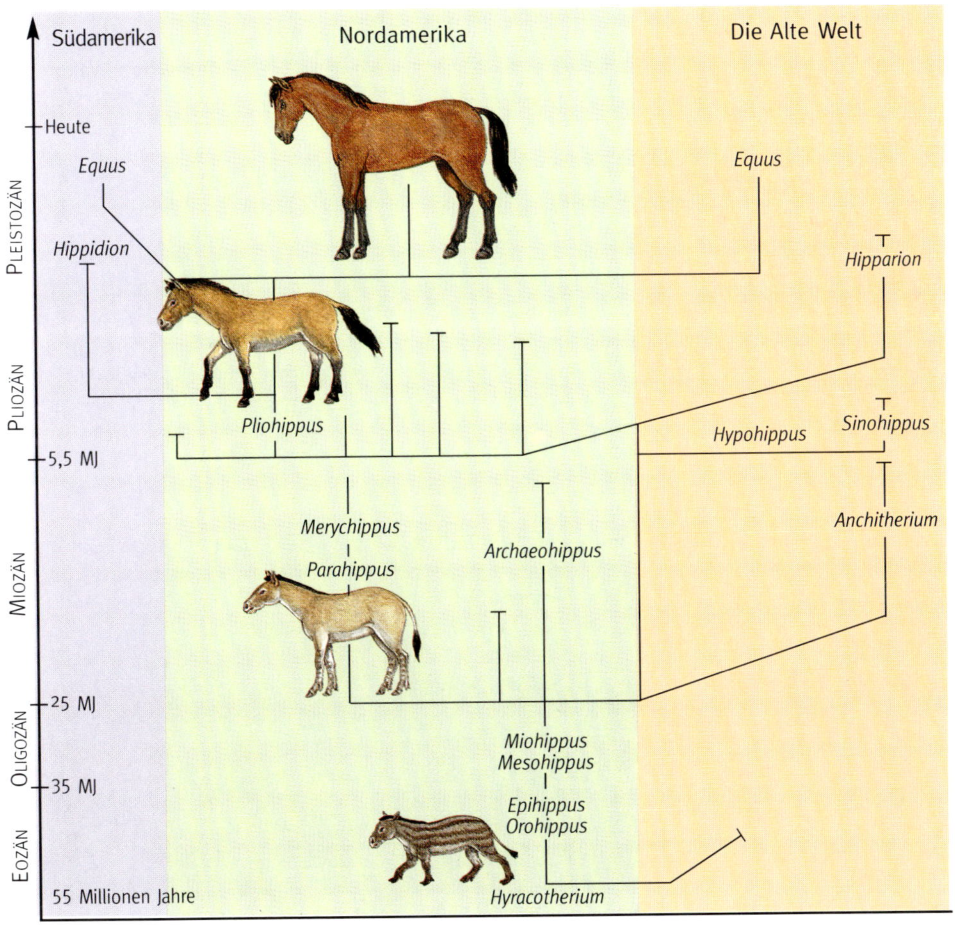

MENSCH UND PFERD

Mit nur 37 Pferden und 183 Mann unterwarf der spanische Feldherr Pizarro nach dem Vorbild Cortés in Mexiko die sagenumwobenen Inkas. Diese indianische Hochkultur in Peru konnte nur deshalb von den Spaniern besiegt werden, da neben List und Feuerwaffen auch Pferde eingesetzt wurden – Tiere, die den Indianern unbekannt waren und sie daher erschreckten.

Späte Zähmung

Das Pferd wurde erst lange nach Hund, Schaf, Ziege oder Kuh vom Menschen gezähmt.
Im Unterschied zum Hund oder Schaf, die schon seit 10 000 bzw. 9000 Jahren als Haustiere gehalten werden, begann seine Domestikation* erst vor rund 6000 Jahren. Die ältesten Überreste eines gezähmten Pferdes stammen aus Dereivka in der Ukraine (ehemalige UDSSR). Die Nomaden der zentralasiatischen Steppe sind vermutlich das erste Reitervolk. Vom Norden des Kaspischen Meeres her hat das Hauspferd den Mittleren Orient und Europa vor ca. 4000 Jahren erobert.

Das Pferd als Streitross

Mithilfe des Pferdes konnte der Mensch nicht nur weite Entfernungen zurücklegen. Die Nomadenvölker waren nicht wie die sesshaften Bauern darauf angewiesen ihre Pferde mit Getreide zu ernähren, sondern zogen ungebunden von Weide zu Weide durch die asiatische Steppe. Das ermöglichte es ihnen, sich sesshafte Stämme untertan zu machen. Außerdem dienten Pferde als Transportmittel für Menschen, Waffen und Verpflegung. Nur deshalb konnten die Indoeuropäer um 2000 v. Chr. von Mitteleuropa und Südrussland aus Westeuropa erobern.
Das unten abgebildete Relief vom Palast des Königs Assurbanipal in Ninive aus dem 7. Jahrhundert v. Chr. zeigt assyrische Krieger mit Streitwagen. Ob Hunnen, Mongolen oder arabische Nomaden – es gibt zahlreiche geschichtliche Beispiele für Eroberungsfeldzüge zu Pferde. Unter dem französischen König Ludwig XIV. wurde die Kavallerie* so wichtig, dass er staatliche

Gestüte* gründen ließ, in denen Pferde für die speziellen Anforderungen der französischen Reiterarmee gezüchtet wurden. Die größte Bedeutung erreichte die Kavallerie unter Napoleon Bonaparte. Mit dem Zweiten Weltkrieg wurde sie zunehmend durch Automobile ersetzt.

Das Arbeitspferd

Doch das Pferd war nicht nur für das Militär von großer Bedeutung, sondern auch als „zivile" Arbeitskraft nicht zu unterschätzen.
Rund 3000 Jahre v. Chr. wurde in Mesopotamien das Gespann erfunden.
In der Antike zogen Pferde Wägen und Kutschen und im 11. Jahrhundert sorgten Kummet* und Brustgeschirr für eine wahre Revolution in der Landwirtschaft: Pferde wurden sowohl auf dem Feld als auch in den Bergwerken eingesetzt. Damit begann die getrennte Zucht von Reit- und Zugpferden. Mit der industriellen Revolution im 18. und 19. Jahrhundert wurden die Zugpferde zunehmend von Dampfmaschine, Elektrizität und Explosionsmotor verdrängt. Die anhaltende Beliebtheit des Reitpferdes bis in unser technisiertes Zeitalter hinein, hängt nicht zuletzt mit dem Festhalten des Militärs an der Kavallerie zusammen. So ist es auch nicht verwunderlich, dass der moderne Reitsport selbst heute noch militärische Züge trägt. Die unnütz gewordenen Zugpferde dagegen endeten fast alle als Schlachtvieh.
In den letzten Jahren jedoch erfreut sich der Fahrsport und damit auch das Zugpferd wieder größerer Beliebtheit.

DIE LETZTEN WILDPFERDE

Echte Wildpferde gibt es in freier Natur heute nicht mehr. Der Tarpan ist bereits im 19. Jahrhundert ausgestorben und auch das Przewalski-Pferd konnte nur in Zoos und Tiergärten überleben. Doch in Amerika und Australien existieren große Herden verwildeter Hauspferde, die man Cimmarones, Mustangs oder Brumbys nennt.

Die echten Wildpferde

Während der Wolf als Vorfahre des Hundes bis in unsere Zeit überdauert hat, sind alle Wildpferde in freier Natur ausgestorben. Genau wie der Urahn unserer Rinder, der Auerochse, leben auch der Tarpan (oben) und das Przewalski-Pferd nicht mehr in freier Wildbahn. Der letzte Tarpan, ursprünglich in Zentraleuropa beheimatet, starb 1884 in einem Moskauer Zoo. Etwa zur gleichen Zeit entdeckte der russische Forscher Przewalski eine bis dahin unbekannte Art von Wildpferden in der Mongolei. Die Zoos zeigten großes Interesse an ihnen, doch trugen sie dadurch zu ihrer Ausrottung bei. Seit den 60er Jahren gibt es Przewalski-Pferde nur noch in Gefangenschaft. Sie stammen alle von dreizehn um die Jahrhundertwende gefangenen Wildtieren ab. Heute versucht man, in Zoos gezüchtete Nachkommen wieder in der mongolischen Steppe anzusiedeln. Das Przewalski-Pferd (unten) zeigt deutlich andere Verhaltensweisen als die verwilderten Hauspferde Amerikas und Australiens. Selbst in Gefangenschaft verliert es nicht seine Scheu und Wildheit. Es unterscheidet sich auch durch sein Aussehen: Körperbau und Fell der einzelnen Tiere ähneln sich untereinander weit mehr, als dies bei Hauspferden der Fall ist. Die Untersuchung der Erbanlagen hat ergeben, dass dieses asiatische Wildpferd zwei Chromosome* mehr hat als das Hauspferd. Dennoch lassen sich die beiden Rassen problemlos kreuzen.

Die Mustangs

Obwohl der Wilde Westen ohne Mustangs nicht denkbar ist, sind diese verwilderten Pferde erst mit den europäischen Eroberern nach Amerika gelangt. So waren Pferde in der Neuen Welt unbekannt, als Christoph Kolumbus 1492 dort landete. Warum die dort ansässigen Urpferde vor rund 10 000 Jahren ausstarben, ist bisher nicht geklärt. Sicher ist jedoch, dass das Pferd von den Spaniern im 16. Jahrhundert wieder eingeführt wurde und in den Weiten der amerikanischen Ebenen ideale Lebensbedingungen vorfand. Ein Jahrhundert später hatten die verwilderten Mustangs, die man im Süden „Cimmarones" nannte, bereits den gesamten Kontinent erobert.
Heute leben die Nachkommen dieser Ausreißer in den kargsten Regionen Amerikas, z.B. in der Wüste Nevadas. Da sie kaum noch natürliche Feinde haben, muss der Mensch regulierend eingreifen. Sonst würde sich die Population zu sehr vergrößern und die Tiere könnten keine Nahrung mehr finden. Seit den 90ern wird viel für die Mustangs getan.

Die Brumbys

Wie die Mustangs sind die australischen Brumbys Nachkommen von Pferden, die Siedlern entlaufen waren. Doch im Gegensatz zu Amerika gab es in Australien auch in grauer Vorzeit keine Pferde.
Wie das Kaninchen kam das Pferd also erstmals mit den Europäern auf diesen weit entfernten Kontinent. Da die dort wachsenden Futterpflanzen nicht die Qualität der amerikanischen Weiden haben, sind die Brumbys magerer als die Mustangs. Doch ist die Gefahr der Überweidung auch hier gegeben, sodass man zum Schutz der Art die Bestände dezimiert.

FREI LEBENDE PFERDE

In Filmen oder auf Gemälden sehen wir oft riesige Pferdeherden durch die Landschaft ziehen, doch diese Vorstellung ist so nicht ganz richtig. Zwar gibt es durchaus große Herden, doch die meisten Pferde und Pferdeartigen leben in kleineren Familienverbänden zusammen.

Der Leithengst und seine Herde

Der Leithengst führt in der Regel keine vielköpfige Herde an. Vielmehr ist er das Oberhaupt eines Familienverbandes, der neben ihm ein bis sechs Stuten und ihre Fohlen umfasst, also selten mehr als fünfzehn Tiere zählt. Die Gefolgschaft der Stuten muss sich der Hengst dabei stets aufs Neue erkämpfen.
Im Alter von zwei Jahren werden die jungen Hengste von ihrem Vater aus der Herde vertrieben. Sie sind nun auf sich selbst gestellt und schließen sich in eigenen Herden zusammen (Bild unten), bis sie stark genug sind, eine junge Stute zu erobern oder gar eine ältere aus einem fremden Familienverband zu entführen.
Das ganze Leben der Hengste ist dabei geprägt von Machtkämpfen: Kämpfe, um neue Herdenmitglieder zu gewinnen und Kämpfe, um die eigenen Stuten vor Übergriffen anderer Hengste zu schützen.
Auch die Jungstuten verlassen im Alter von zwei bis drei Jahren die elterliche Herde und folgen dem Werben fremder Hengste.
Der Leithengst lässt dies meistens geschehen.

Die soziale Rangfolge

Jedes Pferd hat in der Herde seinen festen Platz und muss sich der Rangordnung fügen. Meist führt eine erfahrene Stute die Herde von Weideplatz zu Weideplatz. Der Leithengst dagegen beschützt die Gruppe und treibt Ausreißer zurück. Daher ist die Stute häufig an der Spitze der Herde zu finden, während der Hengst zurückbleibt. Die älteren und streitlustigen Pferde dominieren über die jüngeren und zurückhaltenderen, wenn es um den Vortritt an der Futterstelle oder der Tränke geht. Doch ist die Rangfolge nicht so streng festgelegt, wie es scheint. Wenn das Pferd X ranghöher ist als Y, das wiederum ranghöher ist als Z, dann ist Z deshalb noch lange nicht X unterlegen. Wie bei uns Menschen spielen also auch bei den Pferden persönliche Vorlieben und Abneigungen der Herdenmitglieder eine große Rolle.

Weideplätze und Revierverhalten

Im Gegensatz zu Katzen oder Eseln haben Pferde kein festes Revier. Die Hengste verteidigen zwar ihre Herde, jedoch nicht ein fest umgrenztes Weidegebiet. Mehrere Familienverbände können dementsprechend problemlos zusammen weiden. So erklärt sich auch, wie der Eindruck riesiger Pferdeherden entsteht. Wenn Pferde den Weideplatz wechseln, benutzen sie fast immer dieselben Trampelpfade. Dabei laufen sie meist hintereinander, damit der Schweif des Vorderpferdes lästige Insekten verscheucht. Man spricht dann von „Reihenformation“ (Bild oben).

DIE ANATOMIE DES PFERDES

Auf dem Springparcours vollbringen viele Pferde unglaubliche Leistungen. Dabei ist ihre Anatomie eigentlich überhaupt nicht für solche Sprünge geschaffen. Ihr Rücken ist viel zu steif! Der Körperbau dieser Fluchttiere ist vielmehr auf schnelles Rennen hin ausgerichtet. Übrigens unterscheidet sich das Skelett des Pferdes nicht sehr von dem des Menschen.

Das Pferd, ein Zehenspitzengänger

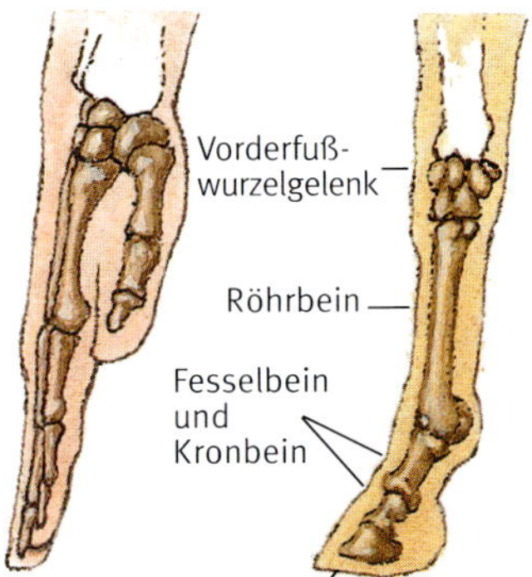

Die Hufe des Pferdes entsprechen unseren Zehennägeln. Es läuft also auf den Spitzen seiner ehemaligen Mittelzehen, die sich weiterentwickelt haben, während sich die anderen Zehen zurückbildeten.
Die Anatomie seines Vorderbeins entspricht dem Aufbau unserer Hände und Füße.

Die Tücken der Bezeichnungen

Das Vorderfußwurzelgelenk entspricht dem menschlichen Handgelenk. Beide bestehen aus mehreren Knöchelchen. Das Sprunggelenk der Hinterhand gleicht dagegen unserem Fußknöchel. Wie bei den Händen und Füßen des Menschen finden wir auch beim Pferd unterhalb des Vorderfußwurzel-, beziehungsweise unterhalb des Sprunggelenks keine Muskeln. Die Bewegung wird hier allein durch die Sehnen in Gang gesetzt. Erst oberhalb dieser Gelenke setzen die Muskeln an.

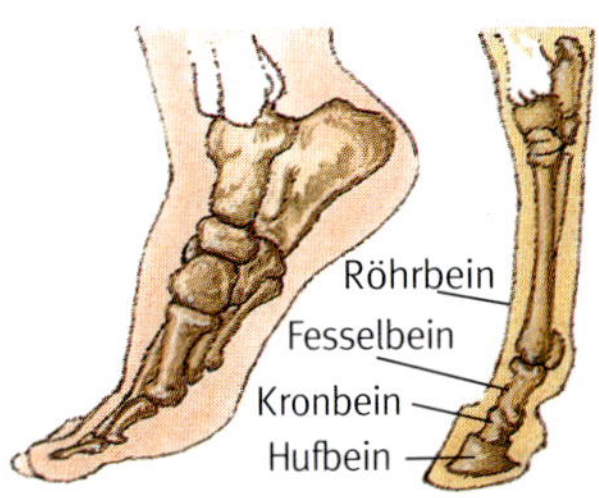

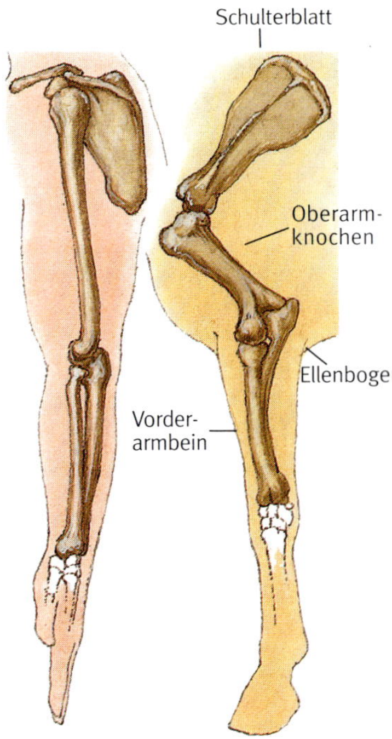

Versteckte Ellenbogen und Knie

Oberhalb des Vorderfußwurzelgelenks befindet sich das Vorderarmbein mit Elle und Speiche. Über dem Sprunggelenk befindet sich wie beim

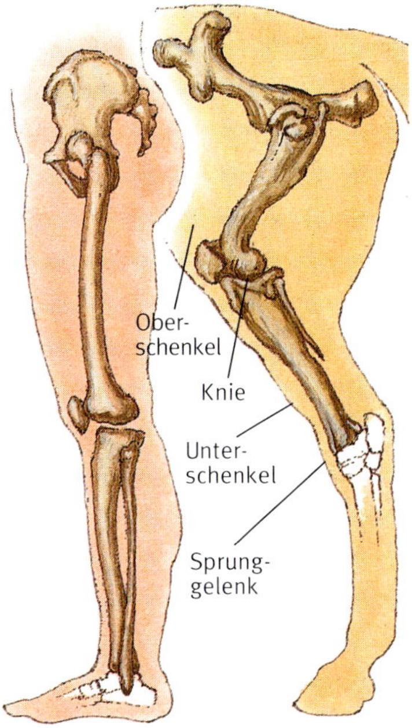

Menschen das Wadenbein. Dementsprechend sitzen das Ellenbogengelenk wie auch Kniescheibe und Kniegelenk des Pferdes direkt am Unterbauch. Vorderarmbein und Oberschenkelbein sind von außen gar nicht zu sehen. Sie befinden sich gut versteckt unter dem Muskelfleisch der Schulter bzw. der Hüfte.

Ein Schulterblatt ohne Schlüsselbein

Während das Schulterblatt des Menschen durch das Schlüsselbein mit dem Brustkorb verbunden ist – einem s-förmigen Knochen, der sich bei unseren Vorfahren als Anpassung zum Leben auf den Bäumen ausgebildet hat – hat das Pferd kein solches Verbindungselement. Sein Brustkorb wird vielmehr durch Muskeln und Sehnen an den Vorderbeinen gehalten. Unterhalb der Kruppe*, an der Hinterhand, befindet sich die Hüfte. Sie hat im Grunde die gleichen Funktionen wie unsere Hüfte: Sie verbindet die Wirbelsäule mit dem hinteren Laufapparat.

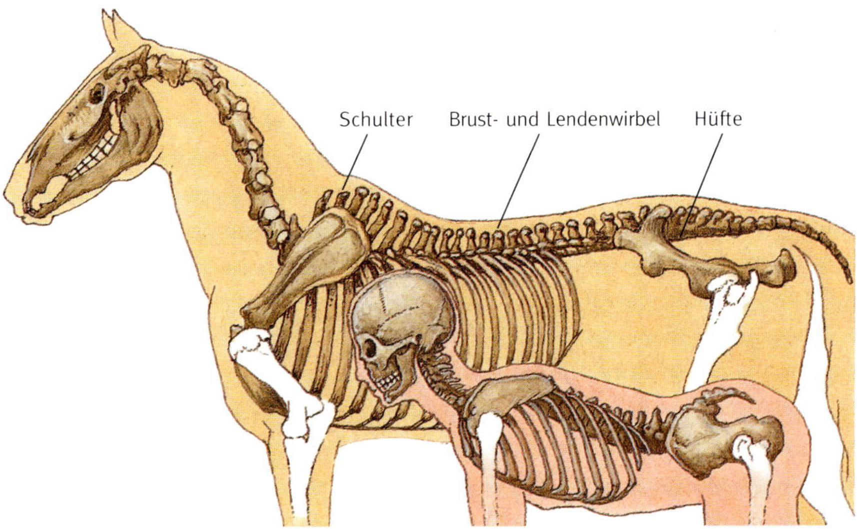

DIE WAHRNEHMUNG

Die Sinnesorgane des Pferdes funktionieren ähnlich wie die des Menschen, doch ist die Wahrnehmung nicht genau gleich. Wie das Pferd im Vergleich zum Menschen seine Umgebung wahrnimmt, soll daher das folgende Kapitel zeigen.

Das Auge des Pferdes

Die weit verbreitete Behauptung, Pferde sähen siebenmal so groß wie wir Menschen, ist definitiv falsch. Zwar sind ihre Augen im Vergleich zum Elefanten oder zum Walfisch unverhältnismäßig groß, doch stimmen die Proportionen der betrachteten Objekte sowohl im Verhältnis zueinander als auch im Verhältnis zur Körpergröße des Pferdes. Das Gesichtsfeld ist dabei viel weiter als unseres. Da die kugelförmigen Augen des Pferdes seitlich am Kopf sitzen, hat es einen Blickwinkel von fast 360°. Hinzu kommt die durch den langen Hals bedingte große Beweglichkeit des Kopfes und damit der Augen. Die Sehschärfe des Pferdes ist allerdings schlechter als die des

Gesichtsfeld beider Augen (die blinde Zone von ca. 6° wird durch die Tasthaare am Kinn ausgeglichen)

Menschen. Dies liegt daran, dass es nur in einem 60°-Blickwinkel mit beiden Augen gleichzeitig sieht (s. Schema). Nachts sieht das Pferd dagegen besser als wir. Farben kann es nicht so gut unterscheiden wie der Mensch, aber entgegen früheren Aussagen ist es nicht farbenblind. Nahe Gegenstände scheint es gleichfalls nicht besonders gut zu erkennen. Pferde sind also weitsichtig.

Das Spiel der Ohren

Die großen, beweglichen Ohren der Pferde funktionieren wie Schalltrichter und reagieren sehr empfindlich auf die leisesten Geräusche. Dies erklärt, warum Pferde schon lange vor Ausbruch eines Gewitters oder Erdbebens nervös werden.

Eine echte Spürnase

Der Geruchssinn der Pferde ist noch nicht in allen Einzelheiten erforscht, doch man weiß, dass er sehr gut ausgebildet und für das Sozialverhalten von größter Wichtigkeit ist. Dank ihrer großen Nasenlöcher und der tiefen Nasenhöhlen können Pferde ihre Umwelt quasi „erriechen". Würde man die vielfach gefalteten Nasenschleimhäute der Nasenmuschel glätten, hätten sie eine größere Oberfläche als das gesamte Pferd!
Im hinteren Teil des Rachens hat das Pferd außerdem ein weiteres Riechorgan, das man das Jakobsche Organ nennt. Damit kann es Sexualduftstoffe, die so genannten Pheromone, wahrnehmen. Um solche Düfte besser riechen zu können, flehmen* Pferde, d.h. sie recken den Kopf nach oben und ziehen wie das Pferd auf dem oberen Bild die Oberlippe zurück.

Die anderen Sinne

Zu den fünf Sinnen gehören neben den oben genannten auch der **Geschmacks-** und der **Tastsinn**. Obwohl die Haut des Pferdes relativ dick ist, reagiert es genauso empfindlich auf Berührungen wie wir. Es spürt z.B. sofort, wenn eine Fliege auf seinem Fell sitzt. Zum Tasten benutzt es wie die Katze die langen Tasthaare an Kinn und Oberlippe. Deshalb darfst du diese Haare auf keinen Fall abschneiden. Auch sein **Gleichgewichtssinn** ist gut ausgebildet. Ihn braucht das Pferd, um sich fortzubewegen und zu springen. Selbst im Gebirge und auf Geröll ist es trittsicher.

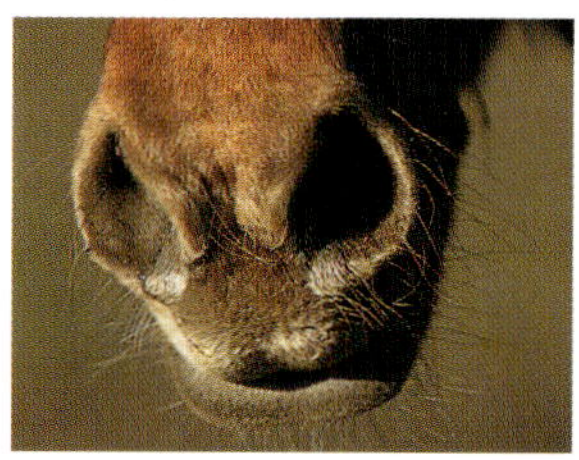

DIE KÖRPERSPRACHE DER PFERDE

Pferde verständigen sich untereinander weniger durch ihre Stimme als durch den Einsatz von Körpersprache, d. h. sie geben mit ihrem Körper Signale. Auch wir können lernen, diese Signale zu deuten. Die Ohren sind in dieser Hinsicht besonders aufschlussreich.

Die Sprache der Ohren

Am leichtesten lässt sich die Laune eines Pferdes an seinen Ohren ablesen. Genau wie beim Hund der Schwanz, verraten sie, ob das Tier dir freundlich oder böse gesonnen ist. Sind die Ohren des Pferdes nach vorne gerichtet, so ist das Pferd gut gelaunt und aufmerksam. Legt das Tier sie dagegen nach hinten an, dann ist dies ein Zeichen von Aggressivität. Vorsicht, es könnte dich beißen! Doch die Ohren verraten noch mehr. Wenn das Pferd nervös ist, richtet es seine Ohren unruhig in alle Richtungen aus, damit es die Gefahr orten kann. Wenn du dein Pferd aufmerksam beobachtest, merkst du bald, dass nicht nur die Ohren viel über das Tier verraten. Auch die Gesichtszüge sind ausdrucksvoller als man glaubt ...

Die Körperhaltung

Um sich untereinander zu verständigen nutzen Pferde nicht nur ihre Ohren, sondern setzen ihren ganzen Körper ein. So legt ein übellauniges Pferd nicht nur die Ohren an, sondern bleckt auch die Zähne, senkt den Kopf, peitscht mit dem Schweif, dreht dem „Gegner“ die Hinterhand zu und droht auszuschlagen. Da sich die Pferde in der Natur oft über weite Entfernungen hin verständigen müssen, muss ihre Körpersprache so deutlich sein. Alarmbereitschaft wird durch hoch gereckten Hals und Schweif signalisiert.

Will ein Fohlen* dem Leithengst oder einem anderen erwachsenen Herdenmitglied seine Unterwürfigkeit beweisen, bewegt es seine Kiefer, als würde es fressen.

Berührungen

Pferde reagieren am ganzen Körper sehr empfindsam auf Berührungen. Mutterstute und Fohlen oder auch Hengst und Stute liebkosen sich in der Paarungszeit mit den Nüstern. Pferde lieben es auch sich gegenseitig mit den Zähnen am Mähnenansatz oder an der Kruppe zu kraulen. Wenn du dein Pferd streichelst oder putzt, imitierst du dieses Verhalten. Das gefällt deinem Pferd!

Die Stimme

Pferde geben natürlich auch Laute von sich. Sie wiehern, brummeln oder schnauben. Beim Wiehern kann man verschiedene Arten unterscheiden: Um Artgenossen zu rufen, die sich außer Sichtweite befinden, geben Pferde zum Beispiel ein wütendes Quietschen oder einen trompetenartigen Schrei von sich. Ist das Pferd sehr aufgeregt oder hat es Angst, dann schnaubt es laut durch die Nüstern. Die unterschiedlichen Geräusche sind jedoch weniger eine konkrete Aussage, als vielmehr Ausdruck einer besonderen Gemütsverfassung. Es ist dabei kaum möglich, das Wiehern ohne Kenntnis der Situation und der Gestik klar zu deuten.

DIE FORTPFLANZUNG

Die Fortpflanzung unserer Hauspferde hat mit der Paarung in freier Wildbahn nicht mehr viel gemeinsam. Durch künstliche Befruchtung und offiziell festgelegte Decktermine verläuft die Fortpflanzung sehr kontrolliert.

Die Fortpflanzung in freier Wildbahn

Frei lebende Stuten bekommen häufig ein Fohlen nach dem anderen und befinden sich so quasi in einem Zustand andauernder Schwangerschaft. Von ihrem dritten Lebensjahr an bis zu ihrem Tod sind sie fortpflanzungsfähig. Ein Hengst beginnt mit ca. fünf Jahren seinen eigenen Familienverband zu gründen. Erst dann ist er stark genug, einem Rivalen eine Stute abzuwerben. Hat er sie gewonnen, beginnen erst die eigentlichen Werbungsrituale. Stuten sind von April bis Oktober empfängnisbereit. Bevor sie in die Paarung einwilligen, muss der Hengst ihnen ausgiebig den Hof machen (Bild oben).

Fortpflanzung in kontrollierter Zucht

Heute bekommen viele Zuchtstuten ihre Beschäler* gar nicht mehr zu Gesicht. Sie werden mit einer Spritze **künstlich befruchtet**. Die Hengste besteigen dazu eine Stutenattrappe, ihr Sperma wird in einem Glasbehältnis aufgefangen und auf seine Tauglichkeit hin untersucht. Diese immer beliebtere Technik ermöglicht es, dass durch das Sperma eines Hengstes mehr als hundert Stuten befruchtet werden können. Daneben gibt es das **Decken* an der Hand**. Dabei gibt der Züchter den Decktermin vor.
Die Stute wird am Halfter gehalten, um zu verhindern, dass sie ausschlägt.
Auch der ihr zugeführte Hengst wird während des Deckens an Strick oder Longe festgehalten. Diese Deckmethode ist nicht so erfolgsversprechend wie die erste. Ein Hengst kann so nur bis zu fünfzig Stuten im Jahr decken.
Die natürlichste Methode ist jedoch das **Decken in der Herde**. Der Hengst verbringt dazu mehrere Wochen mit den Stuten auf einer Weide. Dadurch

dass das Decken naturgemäß genau zum richtigen Moment vonstatten geht, ist diese Methode um einiges erfolgreicher als das Decken an der Hand. Der Nachteil dieser Methode ist, dass der Hengst dabei nicht anderweitig eingesetzt werden und auch nicht mehr als zwanzig Stuten pro Saison decken kann.

Decken unter Terminzwang

Obwohl in der Natur die Stuten erst im späten Frühjahr rossig, also emfängnisbereit sind, beginnt das Decken in der Vollblutzucht bereits im Februar. Dies erklärt sich dadurch, dass der Rennsport den offiziellen Geburtstag aller Fohlen auf den 1. Januar festgesetzt hat, um eine einfache Organisation zu ermöglichen. Die Züchter sind nun bemüht, den tatsächlichen Geburtstag so nahe wie möglich an dieses Datum heran zu legen. Damit die Fohlen nun aber zu Jahresbeginn und nicht erst im Frühling oder Sommer geboren werden, muss die Rosse* künstlich vor dem eigentlichen Termin ausgelöst werden. Der Vorteil dieser unnatürlichen Methode für den Rennsport liegt auf der Hand: Ein früher geborenes Fohlen ist reifer und kann diesen Vorsprung in den ersten Wettkampfjahren nutzen, denn ein im September geborenes Fohlen zählt schon im Januar zu den Einjährigen, auch wenn es erst vier Monate alt ist. Dabei wäre es so einfach, die Zucht wieder in natürliche Bahnen zu lenken: Man müsste nur das offizielle Geburtsdatum verschieben ...

DIE ERSTEN SCHRITTE

Normalerweise werden Fohlen nach elf Monaten Tragzeit zwischen April und Juni geboren, wenn es schon warm ist und genug Futter zur Verfügung steht. Bei der Geburt liegt die Stute. Das Fohlen kommt mit den Vorderbeinen voran auf die Welt. Die Nabelschnur reißt von allein. Sofort nach der Geburt steht die Mutter auf, um ihr Neugeborenes sauber zu lecken. Schon nach wenigen Versuchen steht das Fohlen wacklig auf seinen langen Beinen. In weniger als einer Stunde entdeckt es das Euter der Mutter und beginnt die so genannte Kolostral-(Erst-)milch zu trinken. Fohlen wachsen im Familienverband auf und lernen von allen Herdenmitgliedern. Ist das Fohlen älter als ein Jahr, spricht man von einem Jährling. Die Stute kann dann schon wieder ein neues Fohlen an ihrer Seite haben.*

DIE GANGARTEN

Beim Pferd unterscheidet man drei Grundgangarten: Schritt, Trab und Galopp. Wie du aber auf den Seiten 40 und 41 sehen wirst, gibt es noch zwei weitere Gänge, den Pass und den Tölt.

Der Schritt

Der Schritt

Diese Gangart ist die langsamste und für den Reiter auch die bequemste, denn das Pferd hat immer mit mindestens einem Huf Bodenkontakt. Schritt ist also keine gesprungene Gangart. Wenn du darauf achtest, wirst du beim Schritt nacheinander das Aufsetzen aller vier Hufe auf dem Boden hören, weshalb man beim Schritt von einer Gangart im Viertakt spricht. Und so sieht die Fußfolge im Schritt aus: rechtes Vorderbein, linkes Hinterbein, linkes Vorderbein, rechtes Hinterbein usw. Du kannst dir diesen Bewegungsablauf leichter merken, wenn du dir klar machst, dass die Vorder- und Hinterfüße in diagonaler Reihenfolge aufgesetzt werden. Beim Schritt nickt das Pferd leicht mit dem Kopf. Damit unterstützt es die Vorhand*, die so energischer ausgreifen kann. Deshalb braucht das Pferd auch genügend Zügelfreiheit – die Zügel aber nicht ganz loslassen! Im Schritt erlangt das Pferd eine Geschwindigkeit von 6 bis 8 km/Std.

Der Trab

Der Trab ist sicher die ungemütlichste Gangart, die einen ungeübten Reiter ganz schön durchschütteln kann. Die diagonalen Beinpaare berühren gleichzeitig den Boden, d. h. die Fußfolge sieht so aus: hinten links und vorne rechts gleichzeitig (Diagonale), dann hinten rechts und vorne links gleichzeitig. Weil man pro diagonalem Hufpaar nur einen Aufschlag hören darf,

Der Trab

nennt man den Trab eine Gangart im Zweitakt. Der Kopf des Pferdes bewegt sich dabei relativ wenig. Bleibt man beim Trab im Sattel sitzen, spricht man von „Aussitzen"*, sitzt man nicht aus, heißt das „Leichttraben"*.
Beim Leichttraben weicht man den Stößen des Pferderückens aus, indem man sich bei jedem zweiten Beinpaarwechsel in die Bügel stellt und dann wieder zurück in den Sattel gleitet – nicht plumpst! Im Trab erreicht das Pferd normalerweise rund 20 km/Std. Bei Trabrennen können es aber über 50km/Std. sein.

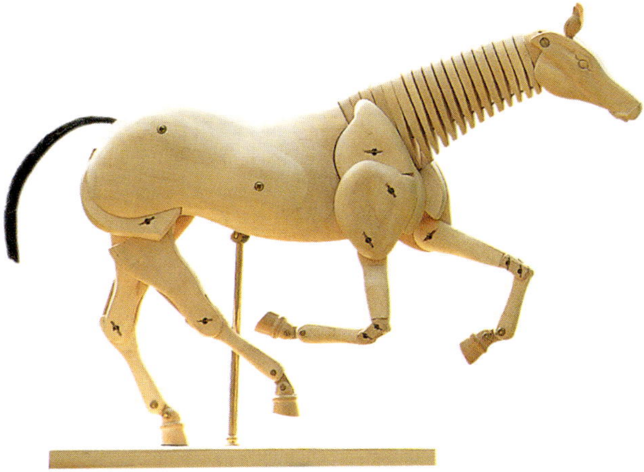

Der Galopp

Galopp ist zwar die schnellste Gangart, aber lange nicht so unbequem wie der Trab. Er ist eine Sprungfolge im Dreitakt und wiegt den Reiter eher im Sattel, als ihn durchzuschütteln. Beim Galoppsprung setzt das Pferd zuerst einen Hinterfuß auf, gefolgt von einem diagonalen Beinpaar (innerer Hinterfuß und äußerer Vorderfuß gleichzeitig) und dem anderen Vorderfuß zum Schluss. Auf diese Bewegung folgt eine Schwebephase, d. h. einen Moment lang berührt kein Huf den Boden. Je nachdem, welcher Vorderfuß – der linke oder der rechte – am Ende des Galoppsprungs steht, spricht man von Links- oder Rechtsgalopp. Beim Rechtsgalopp sieht die Fußfolge so aus: linkes Hinterbein, diagonales Beinpaar (hinten rechts und vorne links) und schließlich rechtes Vorderbein. Im Linksgalopp ist die Fußfolge dann rechtes Hinterbein, diagonales Beinpaar (hinten links, vorne rechts) und linkes Vorderbein. Manchmal mischt das Pferd Rechts- und Linksgalopp in einem Galoppsprung. Das fühlt sich dann für den Reiter – also dich – ganz komisch an. Man nennt das „Kreuzgalopp". Ist dein Pferd im Kreuzgalopp, parierst du es am besten wieder zum Trab durch und galoppierst noch einmal neu an. Rennpferde erreichen im Galopp Spitzengeschwindigkeiten bis zu 60 km/Std.

DIE FARBEN DES HAARKLEIDS

Bei den Farbbezeichnungen der Pferde muss man sowohl auf die Farbe des Fells, als auch auf die Farbe der Mähne und des Schweifs achten. Die weißen Abzeichen* an Kopf und Beinen spielen bei der Benennung keine Rolle. Am häufigsten sind Braune*, Füchse* und Rappen*.

Rappe, Fuchs und Brauner

Nur zwei Farbpigmente, auch Melanin genannt, sorgen für die große Farbenvielfalt unserer Pferde: schwarz und rötlich braun, das in verwässerter Form gelblich wirkt. Pferde, die wie der berühmte Black Beauty ganz schwarz sind, besitzen nur das schwarze Pigment. Man nennt sie Rappen (1). Manche Rappen sind nur im Sommer ganz schwarz und haben im Winter ein dunkelbraunes Fell. Man spricht dann von Sommerrappen. Pferde, die nur das zweite Pigment in sich tragen, sind rötlich braun. Deshalb heißen sie Füchse (2). Je nach Farbton unterscheidet man zwischen Hellfuchs und Dunkelfuchs.

Braune (3 und 4) dagegen haben beide Farbpigmente: Ihr Fell ist braun, Mähne und Schweif sind schwarz. Früher hat man noch weit mehr Farben unterschieden, sich dann aber offiziell auf die Grundfarben beschränkt.

1

2

3

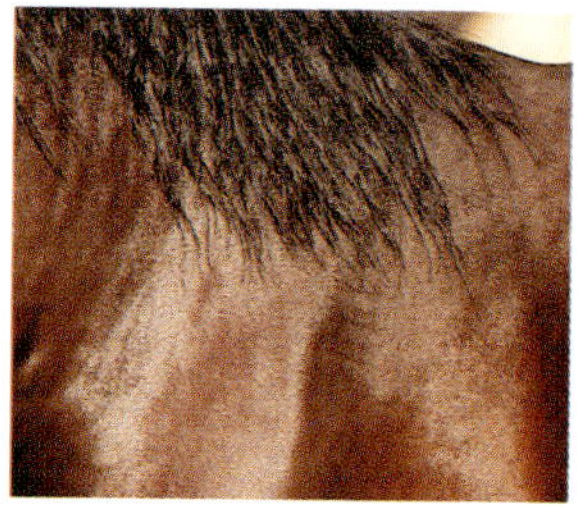

4

5

EINE LEGENDE RANKT SICH UM DIE ISABELLEN

Diese Pferde tragen den Namen von Isabel Clara Eugenia, der Tochter des spanischen Königs und niederländischen Gouverneurs Felipe II. Der Legende nach gelobte sie im Jahre 1601 ihr Leibhemd erst dann wieder zu waschen, wenn die spanischen Truppen die Stadt Ostende erobert hätten. Doch Ostende widerstand dem Angriff lange Zeit und Isabels Hemd wurde immer schmutziger und nahm die gelblich graue Farbe an, die das Fell der Isabellen hat. So kam es, dass man die in Spanien häufig vorkommenden Palomino-Pferde scherzhaft auch Isabellen nannte und dieser Name hat sich bis heute gehalten.

Andere Farben

Treten die Farbpigmente in anderen Mischungsverhältnissen in den Haaren des Pferdes auf, entstehen neben den oben genannten auch noch weitere Farben.
Auf Bild 5 siehst du einen Mausfalben mit grauem Fell und schwarzem Langhaar* und auf Bild 6 einen Falben* mit gelbgrauem Fell und dunkler Mähne. Pferde mit gelblich grauem Deckhaar* und weißlichem Langhaar nennt man dagegen Isabellen. Eine Unterart des Isabellen ist der Palomino (7), dessen Fell golden glänzt. Schimmel (8) sind Pferde mit weißem Deck- und Langhaar. Dem Weiß ist meist eine andere Farbe beigemischt. Viele Schimmel werden mit dunklem Fell geboren, das sich erst später aufhellt. Ganz weiße Schimmel mit rosa Haut und hellen Augen sind Albinos. Ihnen fehlen jegliche Farbpigmente.

6

7

8

Dunkle Haarspitzen

Manche Pferde, besonders Füchse, Isabellen und Braune, sind genetisch so programmiert, dass die äußeren Spitzen des Deck- und Langhaars viel dunkler sind als der Rest. Das Fell sieht dann aus, als wäre es versengt oder von Rauch geschwärzt.

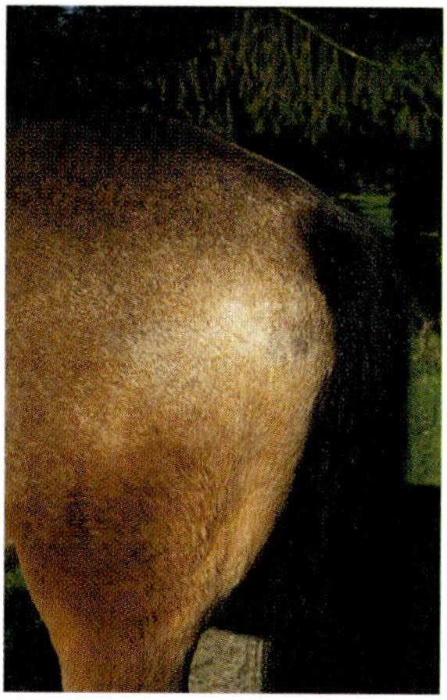

Die Gris

Gris bedeutet eigentlich nichts anderes als „grau“ und so nennt man Pferde, die mit fuchsfarbenem, braunem oder schwarzem Fell auf die Welt gekommen sind, sich später aber aufhellen. Die meisten Gris ergrauen schon sehr früh, d.h. ungefähr im Alter von drei Jahren. Mit zehn bis zwölf Jahren sind sie dann vollständig weiß geworden. Zu den Gris zählen die Camargue-Pferde (Bild unten) ebenso wie die Lipizzaner. Im Gegensatz zu Isabelle, Cremello oder Albino ist die Haut der Gris dunkel und nicht weiß. Farbpigmente sind also in der Haut, nicht aber im Fell vorhanden. Gris sind leider recht anfällig für Melanome, Geschwulste an der Haut.

Die Stichelhaarigen

Stichelhaarige Pferde (Bild oben) haben von Geburt an einzeln stehende weiße Haare in der Grundfarbe des Fells. Diese Stichelhaare können bei allen

Farbschattierungen auftreten, d.h. ganz gleich ob bei Rappen, Füchsen, Braunen, Isabellen oder Falben. Die einzelnen weißen Härchen können über den gesamten Körper verteilt sein oder befinden sich nur auf dem Kopf und an den Beinen.

Die Schecken

Als Schecken (Bild 1 und 2) bezeichnet man zwei- oder mehrfarbig gefleckte Pferde, deren Fell oft an Kühe erinnert. Die großen und unregelmäßigen Flecken sind entweder

1

2

weiß auf dunkler Grundfarbe oder umgekehrt dunkel auf weißer Grundfarbe. Man unterscheidet die zweifarbigen Fuchsschecken, Braunschecken und Rappschecken sowie Schecken, deren Haarkleid drei Farben zeigt.
Ein häufig auftretender Scheckentyp ist der Tobiano, ein weißes Pferd mit meist einfarbig dunklem Kopf und großen, dunklen Flecken. Bild 1 zeigt einen selteneren Typ: den Overo, ein dunkles Pferd mit weißen, breiten Flecken an Körper und Kopf.

Die Tigerschecken

Schecken mit kleineren runden oder länglichen Flecken am ganzen Körper nennt man Tigerschecken (Bild unten). Wenn es aussieht, als hätte man dem Pferd eine weiße Decke mit kleinen Flecken über die Hinterhand geworfen, spricht man von Schabrackentiger (Bild oben).
Das Appaloosa ist das Paradebeispiel für solche Tigermuster.

Stichelhaarige und graue Pferde zählen zu den „gemischten Farben“. Schecken und Tiger werden als „bunte Farben“ bezeichnet.

RENNPFERDE

Der Rennsport ist zweifellos die älteste Pferdesportart. So waren Wagenrennen schon 750 v. Chr. bei den Olympischen Spielen der alten Griechen eine Wettkampfdisziplin. Pferderennen im Sattel dagegen fanden erstmals im 17. Jahrhundert in England statt.

Das Englische Vollblut*

Das Englische Vollblut ist das perfekte Rennpferd. Alle Tiere dieser in England gezüchteten Rasse stammen von drei arabischen Hengsten (Byerley Turk, Darley Arabian und Godolphin Arabian) ab, die im 17. und 18. Jahrhundert aus dem Orient importiert und mit einheimischen Stuten gekreuzt wurden. Seit Ende des 18. Jahrhunderts gilt die Rasse als ausgereift. Die strengen Gesetze des Englischen Studbook* brachten der Rasse das Prädikat „Vollblut" ein und haben inzwischen dazu geführt, dass so gut wie alle reinrassigen Tiere untereinander verwandt sind. Die eleganten und langbeinigen Vollblüter haben ein Stockmaß von 1,60 m bis 1,70 m. Ihr Kopf ist edel und von geradem Profil, das Fell weich und seidig. Die lange Schulterpartie erlaubt dieser Rasse raumgreifende Bewegungen, die ausgeprägte Brust gibt der Lunge genug Platz.

Vollblutkreuzungen

So bezeichnet man nicht ganz reinrassige Vollblüter, in deren Adern auch einige Tropfen fremden Bluts fließen. Rein äußerlich lassen sich diese Tiere kaum von den reinrassigen Vollblütern unterscheiden (Bild rechts). Nur ihre Papiere verraten die Abstammung. Oft eignen sich diese Pferde wunderbar für Hindernisrennen und Steeplechase*. Sie sind

nicht umsonst die Stars auf der Rennbahn Baden-Baden! Wegen ihrer Schnelligkeit werden sie auch gerne in Vielseitigkeitsprüfungen eingesetzt.

Der Orlow-Traber

Diese Rasse hat ihren Namen von dem russischen Herzog Alexej Orlow, der ihre Zucht auf seinem Gestüt in Khrenovsky gegen Ende des 18. Jahrhunderts begründete. Ihr Stammvater war der arabische Hengst Smetanka, den man vor allem mit Friesischen und Dänischen Stuten kreuzte. Die Traber, die als Zugpferde für die dreispännige russische Troika bestens geeignet waren, erfreuten sich auch bei westlichen Züchtern großer Beliebtheit und wurden in viele Traberzuchten mit eingekreuzt. Heute sind die meist grauen Tiere nicht mehr so gefragt, obwohl sie sehr gut gebaut sind.

Der Französische Traber

Der Französische Traber geht auf normannische Zugpferde zurück, von denen man seit Beginn des 20. Jahrhunderts die schnellsten Traber ausgewählt und mit Englischem Vollblut veredelt hat. In die so gezüchteten Warmblüter* kreuzte man dann den englischen Norfolk Trotter ein, um so ein Pferd zu erhalten, das den Körperbau der Normannen mit dem Temperament des Vollblüters und der Lauftechnik des Norfolk vereinigt. Die Rasse wurde durch Araber, Anglo-Araber, Orlow-Traber und amerikanische Traber noch weiter verbessert. Es entstand ein großer, harmonischer Pferdetyp, der sich besonders für Langstrecken eignet. Der französische Traber läuft im Trabrennsport sowohl hinter dem Sulky als auch unter dem Sattel.

SPORTPFERDE

Die Pferderassen, die im internationalen Pferdesport vertreten sind, sehen sich vom Typ her alle relativ ähnlich. Ihre Studbooks unterscheiden sich zwar, doch sind gemeinsame Vorfahren, beziehungsweise das Kreuzen der Rassen untereinander durchaus keine Seltenheit. Oft geben nur die Brandzeichen an Hals oder Oberschenkel Auskunft über die Rasse.

Die Anglo-Araber

Diese Rasse entstand aus der Kreuzung von Araber und Englischem Vollblut. Der ursprüngliche Anglo-Araber war relativ klein und sehr lebhaft. Nach und nach versuchte man jedoch durch selektive Paarung von Tieren dieser Rasse größere Pferde zu züchten. Viele anglo-arabische Zuchthengste fanden auch Eingang in die Zucht des Französischen Reit- oder Sattelpferdes (Selle Français). Dadurch sind sich die beiden Rassen heute zum Verwechseln ähnlich geworden – auch wenn der Anglo-Araber zierlicher, schneller und wendiger ist. Er ist daher hervorragend für Military* geeignet.

Das Selle Français

Selle Français ist die offizielle Bezeichnung für verschiedene französische Warmblut*-Reitpferde, die auf die Kreuzung des Normannischen Kaltblutpferds* mit Vollblütern zurückzuführen sind. Auch Französicher Traber, Anglo-Araber und Araber hatten Einfluss auf diese vielfach einsetzbare, energische und stämmige Rasse, die sich im Springen wie in der Military besonders hervortut.

Der Holsteiner

Der Holsteiner gehört zu den ältesten deutschen Warmblutrassen. Im Mittelalter ein kräftiges Schlachtross und Zugpferd, wird es in der Renaissance durch spanisches Blut veredelt. Im 19. Jahrhundert wird durch Kreuzung mit Yorkshire Coach Horses und Cleveland Bay-Hengsten ein edles Kutschpferd mit hoher Knieaktion gezüchtet. Heute liegt der Hauptakzent auf der Zucht von athletischen Reitpferden.

Durch Einkreuzen von Arabern und Englischem Vollblut erhielt man hochklassige Sportpferde, die den kräftigen und muskulösen Körperbau ihrer Vorfahren mit dem Temperament der eingekreuzten Rassen verbinden. Dabei sind Holsteiner für alle Disziplinen des Reitsports geeignet.

Der Hannoveraner

Der Hannoveraner ist neben dem Trakehner das wohl bekannteste deutsche Warmblutpferd. Er stammt von den schweren Schlachtrössern und Zugpferden Niedersachsens ab und wurde im 18. Jahrhundert durch Holsteiner veredelt. Nach 1945 begann man durch Einkreuzen von Araber-, Trakehner-, Andalusier- und Cleveland Bay-Blut die Zucht leichterer und vielseitig einsetzbarer Reitpferde.

Der Trakehner

Der Trakehner ist das wohl edelste und auch älteste Warmblut Deutschlands. Das ostpreußische Gestüt in Trakehnen wurde 1732 von König Friedrich Wilhelm I. gegründet. Der Trakehner, der sowohl für seine Schnelligkeit als auch für seine Eleganz berühmt ist, wurde durch Araber und Englisches Vollblut veredelt. Obwohl die Zucht nach dem Zweiten Weltkrieg völlig am Boden lag, konnte sich die Rasse durch die Bemühungen privater Züchter zu einem herausragenden Dressur- und Springpferd entwickeln.

Das Holländische Warmblut

Es ist eine relativ junge europäische Rasse, die aus der Kreuzung zweier älterer holländischer Zuchten mit Englischem Vollblut entstanden ist. Später kamen auch deutsche und französische Warmbluthengste dazu, die zuvor strengen Prüfungen unterzogen wurden. Überhaupt werden die Zuchttiere sehr sorgfältig ausgewählt: Blutlinien, Gebäude*, Charakter, Bewegungen und Nachkommen werden geprüft. Die Rasse eignet sich gleichermaßen zum Spring-, Fahr- und Dressursport.

DRESSURPFERDE

In der Barockzeit waren spanische Pferde die begehrtesten Reittiere Europas. Sie hielten in vielen Adelsgestüten Einzug. Unter anderem waren sie für ihre besondere Dressurbegabung berühmt, die sie für die Hohe Schule* qualifizierte. Heute sind diese edlen Pferde leider nicht mehr so verbreitet.

Der Andalusier

Die Andalusier gehören zu den ältesten europäischen Pferderassen. Schon die Mauren schätzten an den iberischen Pferden, die sie bei der Eroberung Spaniens vorfanden, ihre Wendigkeit. Die Mauren waren es auch, die die Rasse durch Kreuzung mit Arabern und besonders mit Berbern noch weiter verbesserten. Von Spanien aus eroberte der Andalusier ganz Europa. Zahlreiche Bilder zeigen ihn unter dem Sattel namhafter Persönlichkeiten wie zum Beispiel unter Ludwig XIV. Der Andalusier hatte auch großen Einfluss auf die Zucht der Neapolitaner und der Lipizzaner – beides Rassen, die für die Kunst der Hohen Schule berühmt waren. Obwohl er mit 1,50 m bis 1,60 m Stockmaß relativ klein ist, ist der Andalusier eine stolze Erscheinung. Charakteristisch sind neben den eleganten Gängen die kräftige Hinterhand, das gerade, manchmal leicht ramsnasige* Profil und die lange Mähne. Alle Grundfarben sind erlaubt, am häufigsten kommen aber Schimmel vor. Seit einigen Jahren feiert der Andalusier mit Reitern wie Ignacio Rambla aus dem andalusischen Jerez auch in internationalen Dressurwettbewerben wieder große Erfolge.

Der Lusitaner

Der portugiesische Lusitaner ist dem spanischen Andalusier sehr ähnlich. Dies liegt daran, dass der Lusitaner von einem älteren Zweig des Andalusiers abstammt. In der Tat hat man erst im 18. Jahrhundert die Studbooks der beiden Rassen getrennt geführt. Auch bei den Lusitanern überwiegen die Schimmel, doch sind Füchse, Falben und Isabellen häufiger als bei den Andalusiern.

Das Alter-Réal

Das 1748 von König Joao V. gegründete Hauptgestüt in der Stadt Alter do Cháo gab dem Alter-Réal seinen Namen. Die Zucht dieser Rasse, die auch in der portugiesischen Kunstreitschule in Lissabon zu Hause ist, wäre in den 30er Jahren beinahe eingestellt worden. Nur durch das Eingreifen des portugiesischen Wirtschaftsministeriums konnte sie erhalten werden. Die Zucht baut vornehmlich auf zwei von Dr. Andrade aufgekauften Hengsten und elf Stuten auf. Das Alter-Réal trägt mehr Araberblut in sich als der Lusitaner: Sein Kopf ist gerade, seine Farbe mittel- bis dunkelbraun.

Der Lipizzaner

Lipizzaner sind die berühmten Schimmel der Spanischen Hofreitschule in Wien, die eine bekannte Institution der Hohen Schule ist. Die Rasse geht auf das 16. Jahrhundert zurück und wurde in der österreichisch-ungarischen Monarchie durch die Kreuzung von spanischen Pferden mit den heute ausgestorbenen Neapolitanern erreicht.

Durch die Feldzüge Napoleons, die beiden Weltkriege und das Auseinanderbrechen Jugoslawiens wurde die Zucht in acht Länder Europas versprengt, doch allen Widrigkeiten zum Trotz bestehen die Lipizzaner fort. Heute ist die Zucht gesichert und besticht sowohl in den schwierigen Lektionen der Hohen Schule als auch – was weniger bekannt ist – im Fahrsport.

DAS PFERD ALS FREIZEITPARTNER

Diese Pferde wird man kaum auf den internationalen Turnierplätzen oder Rennbahnen finden und sie sind auch nicht für die Künste der Hohen Schule berühmt. Dennoch gehören sie zu den bekanntesten und beliebtesten Rassen der Welt. Fügsamkeit und Ausdauer machen sie zum idealen Freizeitpartner.

Der Araber

Araber sind nicht nur die wohl schönste, sondern auch die reinste und älteste Rasse der Welt. Glaubt man den islamischen Geschichten, dann schuf Allah aus einer Hand voll Südwind dieses schnelle, zähe und mutige Vollblut. Im 7. und 8. Jahrhundert führten die Mohammedaner vom Rücken der Araber aus ihre Feldzüge. So verbreitete sich diese außergewöhnliche Rasse über die Grenzen der Arabischen Halbinsel hinaus. Seitdem wurde in fast jede Sportpferdrasse Araberblut eingekreuzt. Sie sind in der Geschichte der Pferdezucht die wichtigsten Veredler. Reinrassige Araber werden heute in vielen Gestüten auf der ganzen Welt gezüchtet. Charakteristisch sind die konkave Nasenlinie, große Augen und Nüstern, kleine Ohren, feines, glänzendes Fell und harte Gliedmaßen. Durch ihre Ausdauer und Widerstandskraft eignen sie sich hervorragend für Distanzritte.

Der Berber

Im Gegensatz zum Araber stammt das Berber-Pferd nicht aus dem Mittleren Orient, sondern aus Nordafrika. Es hat auch nicht dessen konkaven Kopf, sondern neigt eher zur Ramsnase. Seine Kruppe ist kürzer, sein Schweif tiefer angesetzt. Es hat zahlreiche europäische Rassen wie die spanischen Pferde, das Englische Vollblut und das Camargue-Pferd veredelt. Durch unkontrollierte Kreuzungen mit dem Araber, ist der Berber relativ selten geworden. Doch bemüht man sich heute wieder verstärkt um die Zucht dieser wendigen und lebhaften Pferde, die zum Fantasia-Reiterspiel ebenso verwendet werden wie bei Distanzritten.

Das Camargue-Pferd

Die Camargue-Pferde heißen nach der gleichnamigen französischen Landschaft am Rhone-Delta, wo sie in halbfreien Herden leben. Diese recht kleinen Pferde (1,35 m bis 1,45 m Stockmaß) sind auch heute noch sehr urwüchsig und haben sich im Laufe der Zeit kaum verändert. Wie auch die Lipizzaner werden die Camargue-Fohlen mit dunklem Fell geboren, das sich erst im Alter von fünf oder sechs Jahren zu dem charakteristischen Weiß aufhellt. Die Haut dieser Pferde ist jedoch immer dunkel. Durch das raue Klima und die Haltung im Freien ist diese Rasse kräftig und zäh. Sie sind die traditionellen Hirtenpferde der „Guardiens", werden aber zunehmend auch im Tourismus für Wanderritte eingesetzt.

Das Deutsche Warmblut

Unter dem Namen Deutsches Warmblut werden die einzelnen in Deutschland gezüchteten Warmblutrassen zusammengefasst, die nach ihrer Zuchtregion benannt sind (Oldenburger, Westfale etc.). Durch Kreuzung wurden die ehemaligen Zugpferde nach dem Zweiten Weltkrieg zu leichteren Freizeitpferden umgezüchtet.

Der Friese

Seine tiefschwarze Farbe, das volle Langhaar und die majestätische Größe begründen seinen Ruhm. Er hat sich nicht nur als Reit- und Zugpferd bewährt, sondern wurde wegen seiner Gelehrigkeit auch für die Zirkusmanege und die Hohe Schule entdeckt.

Der Achal-Tekkiner

Aus den Steppen Turkmenistans stammend, sind diese Pferde für ihre unglaubliche Härte und Ausdauer bekannt. Charakteristisch ist ihr seidiges Haarkleid, das oft einen metallischen Glanz aufweist. Sie sind gute Springpferde, doch Distanzrennen sind ihre eigentliche Stärke.

DIE GANGPFERDE*

Die meisten Pferde verfügen nur über die drei Grundgangarten Schritt, Trab und Galopp. Einige Rassen können jedoch noch eine vierte oder gar fünfte Gangart ausführen. Schauen wir uns diese Pferde doch mal näher an!

Der Isländer

Dieses zottelige Pferdchen ist sehr urwüchsig und ähnelt den europäischen Pferden des Mittelalters. Um 900 kamen die Ponys mit den Wikingern nach Island, wo sie seit rund tausend Jahren absolut rein gezüchtet werden. Man nennt sie deshalb auch die „Vollblüter des Nordens". Viele Islandpferde haben Anlagen zum Passgang und Tölt. Trotz ihrer kleinen Größe können sie schwere Lasten und Reiter tragen, denn sie sind sehr stark und widerstandsfähig.

DER PASSGANG

Der Pass wird bei uns oft als „Kamelgang" verschrien, denn das Pferd fußt im Gegensatz zum Trab mit den Beinpaaren einer Seite gleichzeitig auf: erst rechter Vorder- und Hinterfuß, dann linker Vorder- und Hinterfuß. Wie der Trab gehört der Pass zu den Gangarten im Zweitakt, ist aber normalerweise etwas schneller. Ein guter Passer kann den Pass jedoch in jeder Geschwindigkeit zeigen.

DER TÖLT

Für den Tölt gibt es je nach Rasse und Land viele Namen: Paso, Rack, Foxtrott usw. Der Tölt ist eine fünfte Gangart, die entsteht, wenn der Pass „gebrochen" wird, d. h. das Pferd die Beinpaare nicht mehr gleichzeitig, sondern nacheinander aufsetzt. Diese Viertaktgangart ist eigentlich ein bis zur Galoppgeschwindigkeit gesteigerter Schritt, der für den Reiter besonders bequem ist. Das Bild links zeigt die typische Fußfolge.

Der Peruanische Paso

Optisch erinnert der Paso an einen kleinen Andalusier, er hat aber ausgeprägte Anlagen zum Pass und zum Tölt. Er stammt von den Pferden der spanischen Eroberer ab und ist wegen seiner bequem zu sitzenden Gänge das ideale Pferd, um die großen Plantagen Perus abzureiten. Im Pass erreicht er 18 bis 21 km/Std., also gute Trabgeschwindigkeit. Der Pass des Peruanischen Paso ist besonders gemütlich für den Reiter, da das Pferd bei jedem Schritt die Vorderbeine nach außen wirft. In Europa gilt dies als Makel, aber dennoch erfreuen sich auch hier die temperamentvollen und energischen Pferde immer größerer Beliebtheit.

Das Amerikanische Saddle-Horse

Dieses amerikanische Reitpferd wurde im 19. Jahrhundert in Kentucky gezüchtet und diente den Farmern zu Inspektionsritten über ihre weitläufigen Plantagen. Anders als Isländer und Paso verfügt es nicht von Natur aus über eine der Mischgangarten, sondern muss sie erlernen. Diese Gänge werden durch auffallend lange Hufe und besonders schwere Hufeisen gefördert. Heute ist das Amerikanische Saddle-Horse, auch Saddlebred genannt, vor allem auf Show-Veranstaltungen zu sehen.

Das Tennessee Walking Horse

Wie das Saddle-Horse wurde auch diese amerikanische Rasse als bequemes und ausdauerndes Reitpferd für die Plantagenbesitzer in Tennessee gezüchtet. Berühmt ist dieses Pferd für die angeborene Viertaktgangart „running walk", eine Art Tölt. Diese vielseitigen und angenehmen Tiere sind in den USA beliebte Showpferde. Die Tennesse Walking Horses werden aber auch für Distanzritte und vor dem Wagen verwendet.

Der Missouri Foxtrotter

Die Farmer aus Missouri haben diese Rasse mit vier Gangarten gezüchtet. Seinen Namen hat dieses Pferd von seiner vierten Gangart: dem Foxtrott, einem bequemen Freizeit-Gang. Obwohl er auch auf Shows zu finden ist, ist er doch in erster Linie ein Pferd für Wanderritte.

PONYS*

Ponys lassen die Herzen junger und alter Reiter höher schlagen, ganz gleich, ob sie winzig klein oder fast so groß wie ein normales Reitpferd sind. Die einzelnen Ponyrassen unterscheiden sich untereinander sowohl im Charakter als auch im Körperbau. Manche ähneln den Vorfahren der Pferde, andere kleinen Arabern.

Das Welsh Pony

Das Welsh Pony stammt aus Wales und ist für seine Schönheit und seine Wettkampfqualitäten gleichermaßen berühmt. In seinen Adern fließt viel Araberblut. Man unterscheidet je nach Größe und Körperbau vier Kategorien: das Welsh Mountain Pony (Stockmaß bis 1,22 m), Welsh Typ B (bis 1,37 m), das kraftvollere Welsh Pony des Cob*-Typs (bis 1,37 m) und der Welsh Cob Typ D (über 1,37 m).

Das Shetlandpony

Das Shetlandpony verkörpert ohne Zweifel das ideale Pony und ist besonders bei Kindern sehr beliebt. Seine kleine Körpergröße von 1 m Stockmaß ist nicht auf menschliche Zuchtziele, sondern auf die Lebensbedingungen auf den Shetlandinseln zurückzuführen. Windgepeitscht und karg hat diese Landschaft das widerstandsfähige Pony hervorgebracht. Es ist manchmal launisch und immer sehr verfressen!

PONY, KLEINPFERD ODER GROSSPFERD? – EINE ANSICHTSSACHE

Der Begriff „Pony" ist nicht so klar definiert, wie wir immer denken. So gilt im Turniersport das Stockmaß von 1,48 m unabhängig von der Rasse als Grenze zwischen Pony und Großpferd. Im Gegensatz dazu sind bestimmte, relativ kleine Rassen wie das Camargue-Pferd oder der Isländer für ihre Züchter eben keine Ponys, sondern Pferde. Im Pferdesport können sie dennoch ohne Frage an den Wettkämpfen teilnehmen, die allein für Ponys ausgeschrieben sind.
Das Wort „Pony" wird also relativ willkürlich gebraucht – je nach Ursprungsland, Zucht und Verwendungsumfeld.
Oft sind Etiketten wie „Pony", „Kleinpferd" oder „Großpferd" nichts als Werbetricks, um eine bestimmte Zielgruppe besonders anzusprechen. Wichtig ist jedoch eigentlich nur, dass jeder Reiter das Pferd findet, das in Charakter und Größe auch zu ihm passt.

Das Fjordpony

Das kräftige Fjordpony aus Norwegen ähnelt mit seinem falbfarbenen Fell und dem dunklen Aalstrich dem wilden Przewalski-Pferd. Auch der starke Hals mit der traditionell gestutzten Mähne erinnert an das Steppenpferd aus dem Osten. Das robuste und schön gerundete Fjordpony ist auch für schwerere Erwachsene ein gutes Freizeitpferd, das sich für Wanderritte und Gespannfahrten besonders eignet.

Das Dartmoorpony

Das Dartmoorpony (Bild rechts) stammt aus dem Südwesten Englands und wurde mit mehreren anderen Rassen gekreuzt. Wegen seiner kleinen Größe (1,27 m) und seines freundlichen Wesens eignet sich dieses wunderschöne Reitpony hervorragend für Kinder.

Der Haflinger

Der Haflinger (Bild oben) ist leicht an seinem karamellfarbenen Fell und der hellen Mähne zu erkennen. Das kräftige Pferd stammt ursprünglich aus den Tiroler Alpen und eignet sich als Arbeits-, Zug- und Reitpferd auch für Erwachsene. Seit einigen Jahren bemühen sich die Züchter, das Araberblut in seinen Adern stärker sichtbar zu machen und einen leichteren Typ zu erzielen. So werden die Haflinger zunehmend eleganter.

Das Connemarapony

Diese relativ großen Ponys (Bild unten) stammen aus Irland und erfreuen sich überall auf der Welt großer Beliebtheit. Mit ihren herausragenden sportlichen Fähigkeiten brauchen sie sich nicht hinter Großpferden zu verstecken: Sie sind prima Springer, aber auch gute Dressur- und Fahrpferde.

KALTBLUTPFERDE

Vor der Mechanisierung und Technisierung unseres Alltags waren die Kaltblutpferde unerlässliche Helfer des Menschen. Heute gibt es von den schweren, gutmütigen Pferden nur noch eine relativ geringe Anzahl.

Das Shire Horse

Das Shire ist nicht nur das bekannteste Kaltblut Englands, sondern mit einem Stockmaß von über 1,80 m auch die größte Pferderasse der Welt. In der Zucht erlaubt sind Rappen, Schimmel und Braune. Auffallend sind ihre vielen weißen Abzeichen: Blesse und weißer Fesselbehang, der so üppig ist, dass die Hufe wie Bärentatzen aussehen (siehe Bild oben). Heute dienen die englischen Riesen vornehmlich als Zugpferde vor Brauereiwagen.

Das Percheron

Das Percheron ist das bekannteste Kaltblut Frankreichs und auch in Amerika und Japan weit verbreitet. Sein Erfolg beruht auf seinem wohlgefälligen Äußeren. Trotz seiner Größe (bis 1,75 m) und seines massigen Körpers ist es ein rundum schönes Pferd. Am häufigsten kommen Apfelschimmel, seltener Rappen vor.

Der Bretone

Dieses aus der Bretagne stammende Pferd ist in Frankreich noch relativ zahlreich vertreten. Die Hell- oder Dunkelfüchse werden zum Teil auch heute noch in der Landwirtschaft oder im Gespann eingesetzt. In erster Linie dienen sie aber der Produktion von Pferdefleisch.

Der Ardenner

Wie das in Nordfrankreich gezüchtete „Trait du Nord“ ist auch dieses Kaltblut aus den Ardennen ein ausgesprochen imposantes Arbeitspferd. Sein Haarkleid ist meist stichelhaarig, der Kopf mit den großen Nüstern und den hervortretenden Augenhöhlen ist sehr ausdrucksvoll.

Das Maultier aus dem Poitou

Dieses französische Maultier hat mit seinem bunten Fell und seiner langen Zottelmähne wenig mit den anderen Kaltblütern gemein. In erster Linie dient es nicht als Zugtier, sondern der Zeugung von Zugmulis, d. h. die Stuten werden von Eselhengsten gedeckt. Die Nachkommen aus dieser Kreuzung sind jedoch fast immer unfruchtbar und heutzutage auch nicht mehr sehr gefragt. Um fruchtbare Nachkommen zu züchten, muss die Maultierstute mit einem Pferdehengst gepaart werden.

Der Schwarzwälder Fuchs

Diese stämmigen und relativ kleinen Pferde vertreten einen eigenen Kaltblutschlag. Behende und anspruchslos sind sie dem unwegsamen Gelände ihrer Heimat gut angepasst. Sie werden im Forstbetrieb und im Tourismus vor Kutsche und Schlitten eingesetzt. Sie eignen sich auch als Reitpferd.

DURCH DICK UND DÜNN – DIE KALTBLÜTER

Die Erfindung des Motors ist der Anfang vom Ende der Kaltblüter als Arbeitspferde. Zwar gab es während des Zweiten Weltkriegs wegen des Benzinmangels noch einmal ein Comeback der mächtigen Tiere, doch war es nur von kurzer Dauer. Die Zucht der Kaltblüter ist selbst in Frankreich, dem wichtigsten Zuchtland, extrem zurückgegangen. Viele Gestüte züchteten die Tiere deshalb nur noch als Schlachtvieh, was ihnen die Bezeichnung „schwere Pferde“ einbrachte. Inzwischen werden Kaltblüter jedoch auch wieder verstärkt in alternativer Land- und Forstwirtschaft, bei Zugwettbewerben oder als Vereinsmaskottchen eingesetzt.

MIT DEM PFERD AUF GROSSER FAHRT

Weltklassepferde werden über weite Entfernungen meist mit dem Flugzeug geflogen. Die meisten Pferde sehen jedoch die Welt nie aus der Vogelperspektive: Sie reisen in einem Pferdeanhänger oder einem Pferdetransporter.

Anhänger oder Transporter?

Es gibt zwei Möglichkeiten Pferde mit dem Auto zu transportieren:

den Anhänger und den Pferdetransporter, einen umgerüsteten LKW. Für ein oder zwei Pferde ist ein Anhänger ideal, denn man kann ihn bei Bedarf einfach ans Auto ankuppeln. Natürlich braucht man dazu ein leistungsstarkes Auto mit Anhängerkupplung. Mit dem Transporter können je nach Modell zwei bis zwanzig Pferde transportiert werden. Dieses Transportgefährt ist für die Pferde sicher die geruhsamere Art zu reisen, da sie weniger durchgeschüttelt werden als in einem Anhänger. Der Transporter lohnt sich besonders für Reiter, die sehr oft mit mehreren Pferden auf Turniere fahren, vor Ort aber nicht unbedingt flexibel sein müssen. Mit beiden Transportmitteln sollte man jedoch immer besonders langsam, sachte und vorsichtig fahren.

Sich auf die Fahrt vorbereiten

Oft machen Pferde beim Verladen in den Hänger oder Transporter Schwierigkeiten und wollen einfach nicht hinein. Deshalb solltest du schon vor dem ersten Auswärtsturnier das Verladen mit deinem Pferd in aller Ruhe üben. Lass es den Hänger oder Transporter beschnuppern und sich ohne Stress an die Rampe und die Dämmrigkeit im Innern des Fahrzeugs gewöhnen. Am besten belohnst du es mit einer Leckerei, wenn es brav hineingegangen ist und führst es dann zurück in seine Box. Du wirst sehen: Wenn du das ein paar Mal wiederholt hast, wird sich dein Pferd am entscheidenden Tag problemlos verladen lassen – und ein guter Start ist im Turniersport viel wert!

Unterwegs gut geschützt

Beim Transport ist das Verletzungsrisiko für die Pferde relativ groß – sie können sich bei einer scharfen Bremsung verletzen oder von Artgenossen getreten werden. Deshalb solltest du immer einige Schutzmaßnahmen ergreifen. Am wichtigsten ist der Schutz der Beine durch Bandagen oder Transportgamaschen. Der Hufbereich kann zusätzlich noch durch Glocken aus Gummi oder Schaumstoff geschützt werden. Eine Decke bewahrt das Pferd außerdem vor Zugluft und Staub. Wer ganz sicher gehen und Scheuerstellen vermeiden möchte, kann auch statt des normalen Stallhalfters ein gepolstertes Halfter verwenden und den Schweif seines Pferdes mit einem Schweifschoner oder einer Schweifbandage schützen.

PAPIERE

Pferde, die in deutsche Zuchtbücher eingetragen sind, haben Papiere, in denen Vorfahren, Rasse, Geburtsdatum und Züchter ebenso aufgeführt sind wie besondere Kennzeichen und Besitzer. Doch auch für Pferde ohne Papiere sollten die Eigentümer einen Impfpass und eine Haftpflichtversicherung vorweisen können.

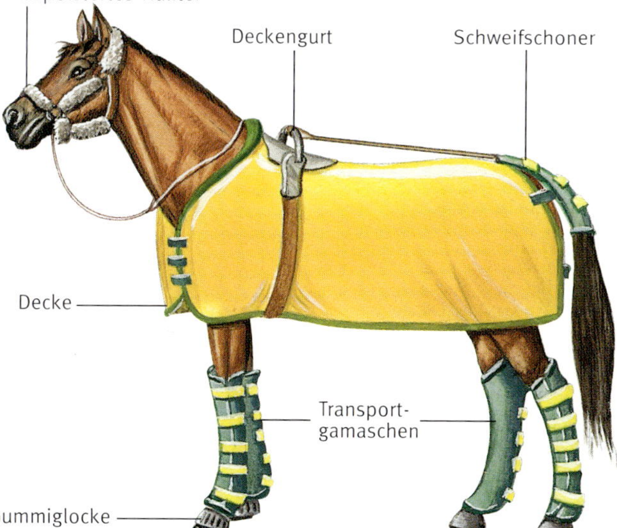

Gute Fahrt!

Bei längeren Fahrstrecken solltest du deinem Pferd einen Heusack in den Transporter hängen – Fressen lenkt ab und beschäftigt. Außerdem solltest du alle zwei bis vier Stunden eine Pause einlegen, um das Pferd in Ruhe tränken und füttern zu können. Wenn ihr dann am Zielort angekommen seid, ist dein Pferd sicher ebenso müde wie du. Trotzdem solltest du es noch einige Minuten lang führen, bevor du es in seine Box bringst. So werden seine verspannten Muskeln etwas gelockert.

DER STALL

Ein Pferd artgerecht unterzubringen ist gar nicht so einfach wie es scheint. Vor allem solltest du nicht den Fehler machen es zu oft ganz allein im Stall zu lassen, denn ein Pferd braucht genau wie ein Hund den Kontakt zu seinen Artgenossen – und natürlich auch zu dir!

Die verschiedenen Möglichkeiten der Pferdehaltung

Die Box*

Eine Pferdebox sollte etwa 4 m^2 groß sein, damit sich das Pferd ohne Probleme hinlegen oder wälzen kann. Bei Außenboxen kann das Pferd ins Freie schauen, so langweilt es sich nicht so schnell. Bei normalen Boxen zeigt die Türöffnung zu einer meist dunklen Stallgasse. Deshalb solltest du darauf achten, dass dein Pferd die Pferde in den Nachbarboxen durch Verbindungsfenster sehen und beriechen kann.

Die Ständer

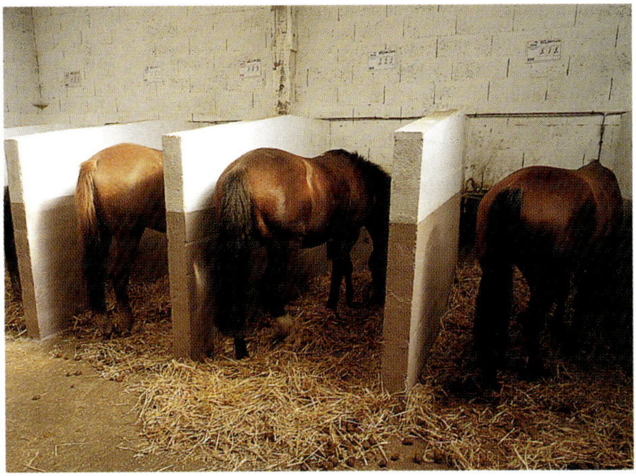

In den Ständern haben die Pferde weniger Platz als in den Boxen und müssen außerdem immer angebunden sein. Dennoch ist so ein Ständer, in dem die Pferde Kontakt zu ihren Nachbarn haben, besser, als ein Pferd isoliert in einem großen Stall zu halten. Schulpferde, die viel im Reitbetrieb gehen, sind oft in diesen Ständern untergebracht.

Der Unterstand

Auch wenn Pferde das ganze Jahr auf der Weide gehalten werden und entsprechend abgehärtet sind, brauchen sie einen festen Unterstand. Dieser Unterstand spendet im Sommer Schatten und schützt die Tiere im Herbst und Winter vor Regen oder kaltem Wind, der den Pferden oft mehr schadet als eisige Kälte.

Der Gemeinschaftsstall

Im Gemeinschafts- oder Offenstall* werden mehrere Pferde ohne Abgrenzung in einem Stall mit oder ohne Paddock* gehalten. Für Ponys reicht auch eine geräumige Box. Diese Form der Unterbringung kommt dem Herdentrieb der Pferde sehr entgegen, ist bei uns aber leider noch nicht sehr weit verbreitet.

Die Einstreu

Die beste Einstreu ist nach wie vor Stroh von guter Qualität, das täglich sauber gehalten wird. Für allergische Pferde empfehlen sich aber eher Sägespäne, Torf oder zerkleinertes Papier als Einstreu – das staubt weniger! Allerdings ist es sinnlos ein Pferd auf andere Streu zu stellen, wenn seine Boxennachbarn weiterhin auf Stroh stehen. Die Ersatzeinstreu hat auch noch einen weiteren Nachteil: Die Pferde können sich nicht die Zeit mit Strohfressen vertreiben und entwickeln dadurch leichter Ticks.

WAND AN WAND MIT DEINEM PFERD

Selbst wenn ihr bei euch Platz genug für eine Pferdebox habt, solltet ihr euch die Haltung zu Hause gut überlegen. Habt ihr nur ein Pferd, dann ist die Einzelhaltung auf keinen Fall eine gute Lösung, denn es wird sich schrecklich einsam fühlen. Doch auch bei mehreren Pferden musst du bedenken, dass du nicht nur Platz für die Boxen, sondern auch für die Lagerung von Streu, Futter und Gerätschaften brauchst, und dieser Lagerraum sollte sich wegen des Staubs und der Feuergefahr auch nicht unmittelbar an den Boxen befinden.

DEIN EIGENES PFERD

Sicher träumst du wie jeder Pferdefan davon ein eigenes Pferd zu besitzen. Doch die Erfüllung dieses Traums ist nicht einfach. Das eigentlich teure an einem eigenen Pferd ist nicht der Kauf des Tieres, sondern die laufenden Kosten wie Boxenmiete, Tierarzt, Hufschmied usw. Hinzu kommt noch der große Zeitaufwand, den ein eigenes Tier mit sich bringt: Es muss nicht nur jeden Tag mindestens eine Stunde lang bewegt, sondern auch gefüttert und geputzt sowie der Stall ausgemistet werden. Wenn dir ein Paddock oder eine Weide zu Verfügung steht, musst du zwar weniger reiten, es aber dennoch jeden Tag versorgen. Ohne Hilfe ist das nicht zu schaffen!

DIE ERNÄHRUNG

Trotz ihres scheinbar kräftigen Äußeren sind Pferde relativ empfindliche Tiere, die auf Fütterungsfehler mit ernsthaften Darmbeschwerden reagieren. Deshalb sollte ihr Futter auf Gewicht und Arbeitsanforderungen abgestimmt sein. Eine Ration falsches Futter kann unter Umständen schon tödlich sein.

Gras

Pferden, die Tag und Nacht auf der Weide stehen, genügt in den schönen Monaten ein Hektar Weideland mit saftigem Gras als Alleinfuttermittel. Im Winter, wenn das Gras nicht mehr im Saft steht, muss jedoch Heu zugefüttert werden.

Heu

Heu gehört zu den Grundfuttermitteln. Pferde, die wenig bewegt werden, bekommen nur Heu zu fressen. Auch Pferde, die vorwiegend mit Getreide oder Pellets* gefüttert werden, bekommen zusätzlich Heu, denn die Heufasern fördern die Verdauung und halten damit das Risiko von Koliken* klein. Darüber hinaus ist das Fressen von Heu auch ein guter Zeitvertreib für die Pferde, die in der freien Natur knapp sechzehn Stunden am Tag damit zubringen. Den Tieren sollte deshalb so viel Heu in die Box gegeben werden, dass sie vier bis fünf Stunden damit beschäftigt sind.

Am besten füttert man das Heu eine Stunde vor dem Getreide, denn bei gleichzeitiger oder späterer Fütterung wird der energiereichere Hafer nicht voll verwertet. Das kommt daher, dass das Heu im Darm, das Getreide jedoch im höher liegenden Magen verdaut wird. Das hat zur Folge, dass das Heu das Getreide mehr oder minder unverwertet durch den Magen in den Darm hindurchdrückt. Heu wird normalerweise dreimal täglich gefüttert.

Getreide

Getreidesorten stehen bei unseren Hauspferden ebenfalls auf dem Speiseplan. Sie sind energiereicher als Heu und wirken anregend auf das Pferd. Getreide allein reicht jedoch für eine vollwertige Ernährung der Tiere nicht aus. So sollte Heu immer zugefüttert werden. Es bietet sich außerdem an, verschiedene Getreidesorten zu mischen. Gerste und der sehr energiereiche Hafer sind bei uns gängig. Mais, der in den USA oft gefüttert wird, ist in Europa weniger gebräuchlich.

Pellets und Flocken

Pellets und Flocken werden industriell hergestellt. Da sie aus verschiedenen Getreidesorten und anderen pflanzlichen Produkten gewonnen werden, sind sie nicht nur schmackhaft, sondern stellen auch ein recht vollwertiges Futtermittel dar. Heu können sie jedoch nicht ersetzen.

Wasser

Ob im Stall oder auf der Weide – Pferde sollten immer ausreichend frisches Wasser zur Verfügung haben, denn sie trinken bis zu 40 Liter pro Tag. Im Winter musst du gut aufpassen, dass die Tränke nicht einfriert. Gegebenenfalls musst du das Eis zerschlagen oder die Pferde mit warmem Wasser tränken, das nicht so schnell gefriert. Auch im Sommer solltest du aufpassen, dass dein Pferd nicht gierig zu kaltes Wasser trinkt. Dazu drückst du einen Finger in die Laden, die Stelle ohne Zähne im Maul.

Salz

Du solltest dein Pferd – auch wenn es auf der Weide steht – außerdem zusätzlich mit Mineralsalzen versorgen. Am besten kaufst du ihm einen Salzleckstein.

ETWAS ABWECHSLUNG, BITTE!

Auch ein Pferd hat gegen etwas Abwechslung nichts einzuwenden: Äpfel, Karotten und trockenes Brot sind stets willkommene Leckerbissen, die du ohne schlechtes Gewissen füttern kannst. Von Beduinen wird sogar berichtet, dass sie ihren Arabern gerne Kamelmilch zu trinken geben. Fisch oder Fleisch brauchst du diesen Vegetariern jedoch gar nicht erst anbieten!

DER HUF UND DER HUFSCHMIED

Lange vor der Erfindung des Hufeisens im 9. Jahrhundert schützten schon die Römer die Hufe ihrer Pferde mit einer Art Pferdeschuh. Die so genannten Hipposandalen bestanden aus einer metallenen Platte, die mit ledernen Schnüren am Huf befestigt wurde.

Warum werden Pferde beschlagen?

In freier Wildbahn nutzt sich das Horn der Hufe dadurch ab, dass die Pferde beim Weiden Dutzende von Kilometern zurücklegen. Die Abnutzung wird dabei durch das natürliche Wachstum des Horns ausgeglichen. Bei den Hauspferden ist dieses natürliche Gleichgewicht jedoch gestört. Sowohl durch das Gewicht des Reiters und der Ausrüstung als auch durch das Laufen auf betonierten Wegen nutzt sich der Huf unverhältnismäßig stark ab. Um dies zu verhindern und den Huf vor Verletzungen zu schützen, werden Pferde beschlagen. Allerdings verhindern die Hufeisen jegliche Abnutzung, sodass der Huf länger und länger wird und alle sechs bis acht Wochen vom Schmied – und nur von ihm! – gekürzt werden muss.
Man nennt das den Huf „ausschneiden". Beim Ausschneiden darf der Hufschmied nicht zu tief schneiden, sonst geht das Pferd anschließend lahm. Die Pferde werden gleich nach dem Ausschneiden neu beschlagen, wobei die alten Eisen ein zweites Mal benutzt werden können, wenn sie nicht zu abgenutzt sind. Die Hufeisen werden dabei ganz genau an die Form des Hufes angepasst, damit sie nicht drücken oder am Rand überstehen.

Hammer

Hufraspel

AUF DER WEIDE

Wer glaubt, dass Pferde, die das ganze Jahr auf der Weide stehen, nicht zum Schmied müssen, der irrt sich. Unsere Weideflächen sind nämlich viel zu klein beziehungsweise die Koppelböden viel zu weich, als dass sich der Huf genügend abnutzen könnte. Deshalb ist der Schmied für Stall- wie für Weidepferde gleichermaßen wichtig. Versäumt man den Schmied-Termin, wächst der Huf vorne nach oben und kann dem Tier große Schmerzen bereiten. Zu lange Hufe können aber auch chronische Erkrankungen der Gelenke auslösen, die durch die Fehlstellung der Beine hervorgerufen wurden.

„Ohne Huf kein Pferd!“

Dieses Sprichwort ist zwar alt, wohl aber wahr. Es zeigt, wie wichtig es ist, die Pflege der Hufe nicht zu vernachlässigen. Dazu gehört auch, dem Pferd nach dem Reiten oder Führen immer die Hufe auszukratzen, denn leicht tritt es sich kleine Steine ein, die dann schmerzen. Wenn das Pferd ganz frisch beschlagen wurde, ist die nächsten Tage besondere Aufmerksamkeit geboten: Achte darauf, ob die Eisen verdächtig klappern oder ein Bein heiß wird!

Krokodilzange

Der Hufbeschlag – zwei Techniken

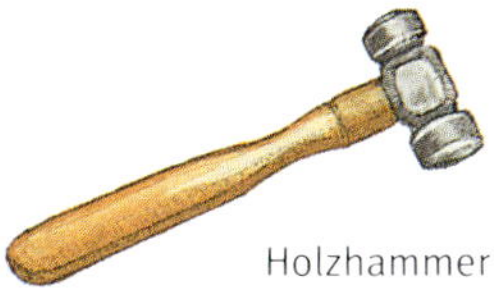

Holzhammer

Es gibt zwei verschiedene Methoden ein Pferd zu beschlagen. Beiden gemeinsam ist, dass der Schmied die Hufe zunächst einmal mit Hufmesser, Hauklinge und Holzhammer ausschneidet.
Bei der einen Methode werden dann die Eisen im Feuer zum Glühen gebracht, in Form gehämmert und noch glühend auf den Huf gedrückt. Bevor die Eisen festgenagelt werden, kühlt sie der Schmied in einem Eimer Wasser ab.
Bei der anderen Art werden die Eisen – meist aus einer Aluminiumverbindung – sofort aufgenagelt.
Keine Angst: Da die Hufe keine Nerven haben, spürt das Pferd weder die Hitze des Eisens noch das Einschlagen der Nägel.

Hufeisen

Hufnägel

Die Pferdepflege

Zum Reitsport gehört die Pferdepflege ebenso dazu wie das Reiten selbst: striegeln, bürsten, Hufe auskratzen ... Um dein Pferd richtig zu pflegen brauchst du eine Grundausstattung an Putzzeug.

Drei gute Gründe für die Pferdepflege

In erster Linie dient die Pferdepflege natürlich der Körperhygiene deines Pferdes. Indem du Hautschuppen, Staub und loses Haar entfernst, hilfst du ihm, gesund zu bleiben. Darüber hinaus unterziehst du das Tier beim Putzen automatisch einer gründlichen „Inspektion". D. h. du merkst, ob es irgendwo wunde Stellen oder Entzündungen hat ... Doch es gibt noch einen dritten Grund: Beim Putzen entstehen oft ganz besondere Freundschaftsbande zwischen Pferd und Reiter. Du verbringst nicht nur viel Zeit mit deinem Tier, sondern ahmst auch die Zärtlichkeitsbekundungen der Pferde untereinander nach. Pferde kraulen sich nämlich gegenseitig Mähne und Kruppe und suchen auch sonst die Nähe ihrer Artgenossen. Damit sich zwischen deinem Pferd und dir eine ganz besondere Freundschaft entwickelt, ist es wichtig, dass du ihm viel Zeit widmest.

Putzen wie die Profis

Mit der Wurzelbürste und dem Gummistriegel entfernst du groben Schmutz und Staub und massierst dabei gleichzeitig das Pferd (1). Gegen den feinen Staub gehst du am besten mit einer weichen Bürste, der Kardätsche, zu Werk. Bürste immer in Fellrichtung. Streife die Kardätsche nach jedem Bürstenstrich an einem Eisenstriegel ab, damit der Staub sich nicht in ihr festsetzt. Bist du damit fertig, werden Mähne und Schweif mit den Fingern

1

2

von Stroh und Heu befreit (2). Man nennt das „verlesen“.
Denk auch daran, die Hufe gut auszukratzen (3), damit keine Steinchen stecken bleiben.
Um deinem Pferd dann noch den letzten Schliff zu verpassen wischt du es mit einem feuchten Tuch ab (4). Mit dem Schwamm werden schließlich Nüstern und Augen und mit einem anderen der After gesäubert.

Und auf der Weide?

Weidepferde müssen nicht so gründlich geputzt werden. Zu viel bürsten würde ihnen sogar schaden, denn sie brauchen die Fett- und Schmutzschicht, um sich gegen Wind und Wetter zu schützen.

GROSSE WÄSCHE

Wenn es sehr heiß ist, kannst du Beine und Körper deines Pferdes mit dem Wasserschlauch abduschen. Das erfrischt und befreit vom Schweiß. Ab und zu (aber bitte nicht zu oft) kannst du dein Pferd auch mit einem milden Shampoo waschen. Wenn du sein Fell gut ausgespült hast, ziehst du es mit einem Schweißmesser (siehe Abbildung) ab, denn damit bekommst du schon einen Großteil des Wassers wieder aus dem Fell und es trocknet schneller. Wenn es nicht so warm ist, solltest du nur die Beine abspritzen und sie dann mit einem Tuch trocken reiben, damit die Haut durch die Kälte nicht rissig wird.

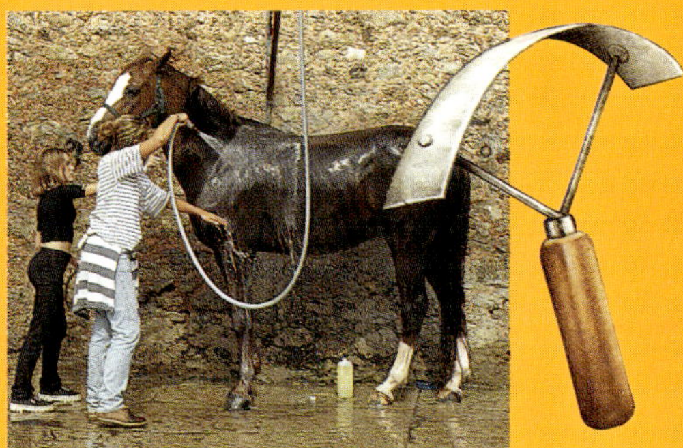

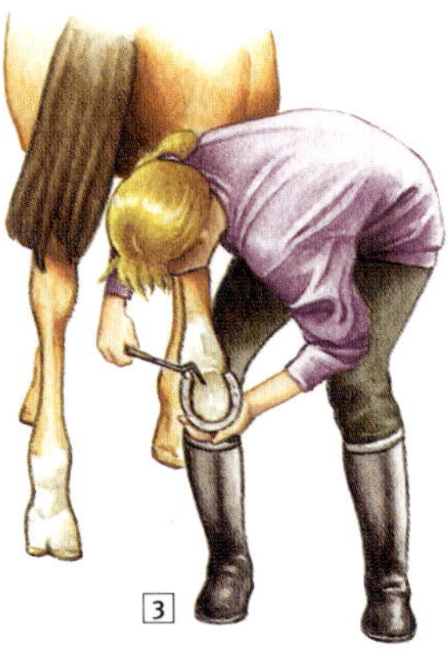

3

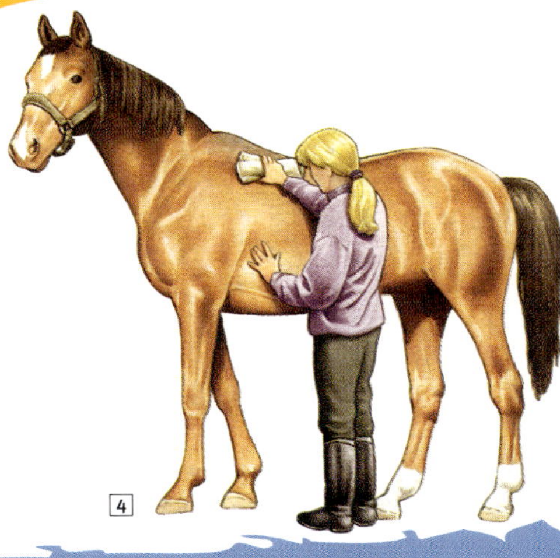

4

Zweifellos sind Pferde in vieler Hinsicht anfälliger als andere Haustiere. Man sollte sie deshalb gut beobachten und vorsorglich eine Reihe von Maßnahmen gegen Krankheiten und Parasiten treffen.

Wurmkuren

Wie alle Tiere werden auch Pferde von allerlei Parasiten geplagt. Verschiedene Würmer- und Fliegenarten sowie deren Larven und Eier (Bild unten) leben auf Kosten der Pferde. Wenn man versäumt, etwas gegen den Parasitenbefall seines Tieres zu unternehmen, kann das schlimme Folgen haben. Würmer können im Magen-Darm-Trakt zum Beispiel heftige Koliken auslösen. Deshalb sollte man sein Pferd mindestens dreimal im Jahr mit einer Wurmkur entwurmen. Die Wahl und Dosierung der Kur hängt von der Art der Parasiten und davon ab, ob sie schon gegen bestimmte Wirkstoffe immun geworden sind. In diesem Fall hilft der Tierarzt! Das Bekämpfen der Parasiten ist bei Weidepferden besonders wichtig, da sie das Ungeziefer untereinander übertragen können.

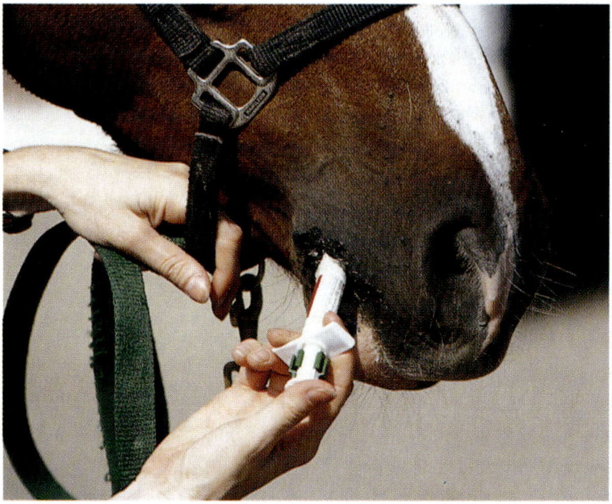

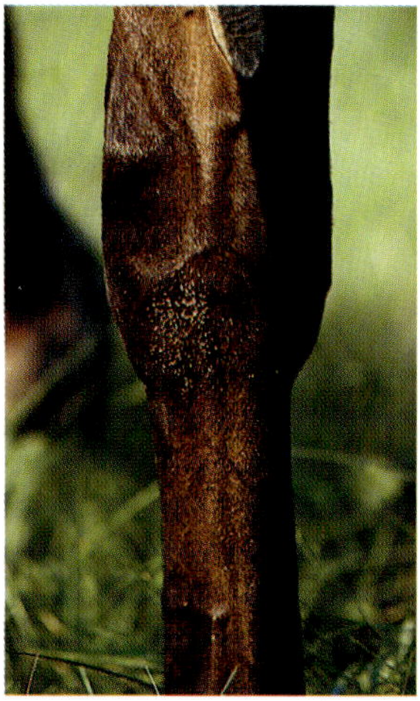

Impfungen

Wie wir Menschen sollten auch Pferde zum Schutz vor Krankheiten geimpft werden. Steht das Pferd in der Nähe von Waldgebieten, ist es sehr empfehlenswert es gegen Tollwut impfen zu lassen. Auch Impfungen gegen Grippe, Wundstarrkrampf (Tetanus) und Pferdehusten sind sinnvoll. Sie werden vom Tierarzt vorgenommen und dann in den Impfpass (Bild rechte Seite oben)

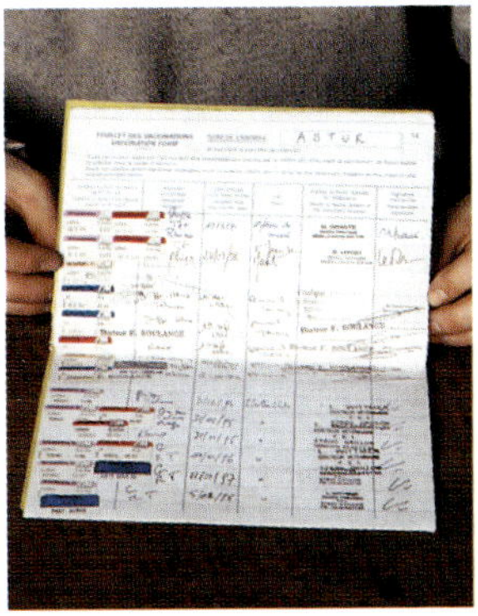

eingetragen. Diesen Impfpass solltest du gerade auf Reisen, Pferdeshows, Turnieren oder sonstigen Wettkämpfen immer griffbereit haben.
Die Impfungen gegen Tollwut, Tetanus und Pferdegrippe sind 1 Jahr wirksam, dann solltest du dein Pferd erneut impfen lassen. Die Pferdehustenimpfung muss alle sechs Monate aufgefrischt werden.

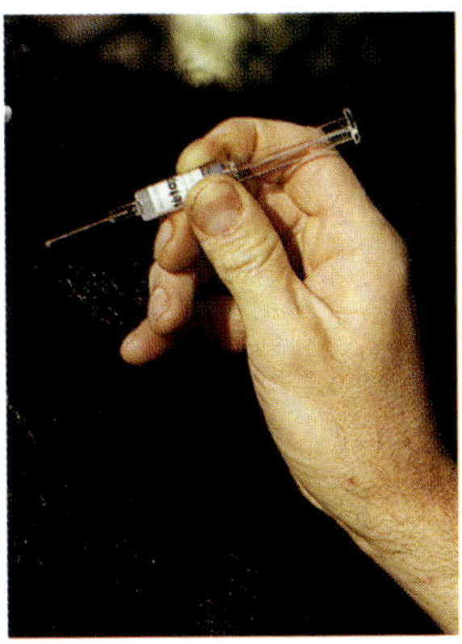

EIN ZAHNARZT FÜR PFERDE?

Im Gegensatz zu anderen Haustieren wachsen bei Pferden die Zähne ein Leben lang weiter. Deshalb ist es wichtig, dass der Tierarzt ihre Zähne mindestens einmal im Jahr routinemäßig untersucht. In freier Wildbahn ernähren sich Pferde von fasrigen Pflanzen, an denen oft noch Erde oder kleine Steine haften. Dadurch nutzen sich ihre Zähne gleichmäßig ab. Hauspferde ernähren sich dagegen vorwiegend von relativ weichem Futter, sodass ihre Zähne weit weniger stark und regelmäßig abgenutzt werden als in der Natur. Unter Umständen können sich so an den Seiten der Backenzähne scharfe Ecken und Kanten bilden, die das Pferd an Zunge und Wangeninnenseite verletzen. Pferde, die Probleme mit den Zähnen haben, verweigern meist die Nahrungsaufnahme oder lutschen kleine Stroh- und Heuportionen, um die Schleimhäute zu schonen. Diese angelutschten Klumpen findet man dann meist in der Box. Zahnschmerzen machen sich aber auch beim Reiten bemerkbar: Scheinbar grundlos schlagen die Tiere mit dem Kopf und wehren sich gegen die Hand des Reiters. Der Tierarzt kann helfen. Er schleift die Zähne so ab, dass Kanten verschwinden und Ober- und Unterkiefer wieder Biss haben.

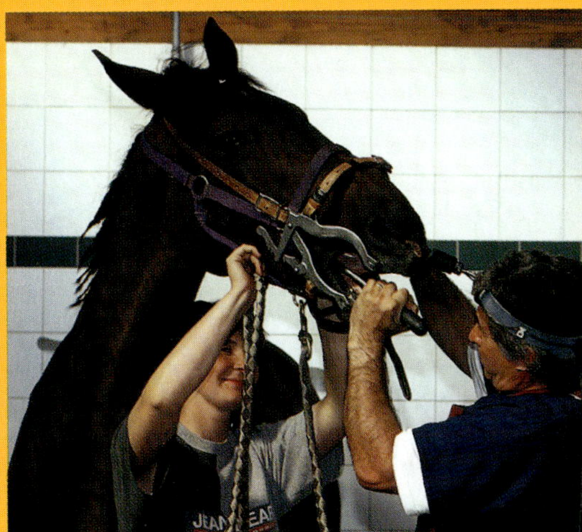

DIE AUSRÜSTUNG DES PFERDES

Natürlich kann man auch ohne Sattel reiten, aber es ist unbequem und ganz schön wacklig. Sehr gute Reiter kommen sogar ohne Trense aus und bringen ihr Pferd mit einem einfachen Halfter dazu, ihren Hilfen zu folgen. Für den Reitanfänger sind Sattel und Trense jedoch ausgesprochen hilfreich!

Der Sattel

Sättel sind meistens aus Leder und federn die Stöße des Pferdes ab. Eine Wohltat für den schmerzenden Hintern! Die Steigbügel, die an den Steigbügelriemen befestigt sind, erleichtern nicht nur das Aufsteigen, sondern ermöglichen auch den „leichten Sitz"*, bei dem du in den Bügeln stehend mit vorgebeugtem Oberkörper den Po aus dem Sattel hebst. Auch zum Leichttraben, bei dem du zu jedem zweiten Trabschritt aufstehst, sind sie notwendig. In erster Linie soll der Sattel jedoch eine Erleichterung für das Pferd sein. Durch ihn wird das Gewicht des Reiters auf dem Pferderücken besser verteilt, sodass das Pferd keine Schmerzen bekommt. Deshalb muss ein Sattel nicht nur an die Bedürfnisse des Reiters, sondern besonders auch an die des Pferdes angepasst sein. Je nach Reitsportart gibt es viele verschiedene Satteltypen: den Westernsattel mit seinem hohen Sattel-

knauf, den winzigen und federleichten Rennsattel, den Dressursattel mit den langen Sattelblättern, den extrem bequemen Trachtensattel (siehe S. 68/69), den Springsattel mit dicken Pauschen am Sattelblatt, die beim Sprung den Schenkel an der richtigen Stelle halten

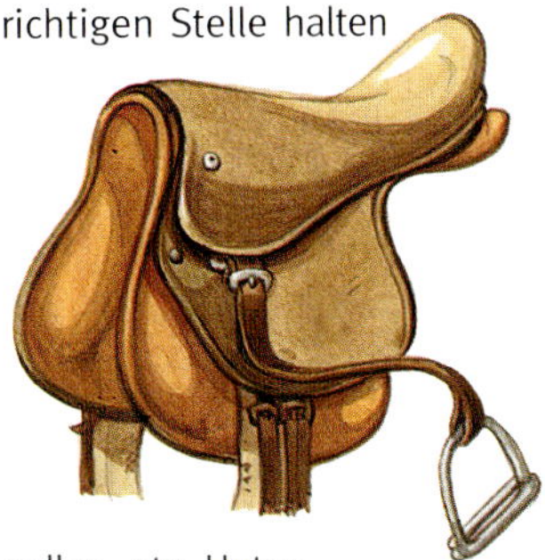

sollen, etc. Unter den Sattel legt man eine Satteldecke. Bei Pferden mit empfindlichem Rücken kann man außerdem ein Sattelpad unterlegen. Decke und Pad sind wichtig, denn sie schützen den Rücken des Tiers vor Druck- und Scheuerstellen.

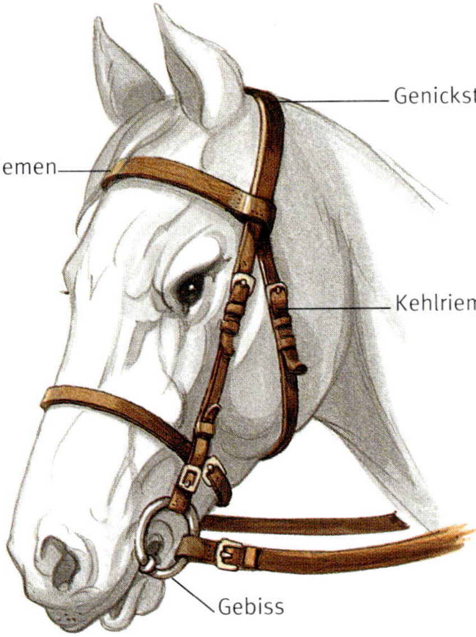

1

2

3

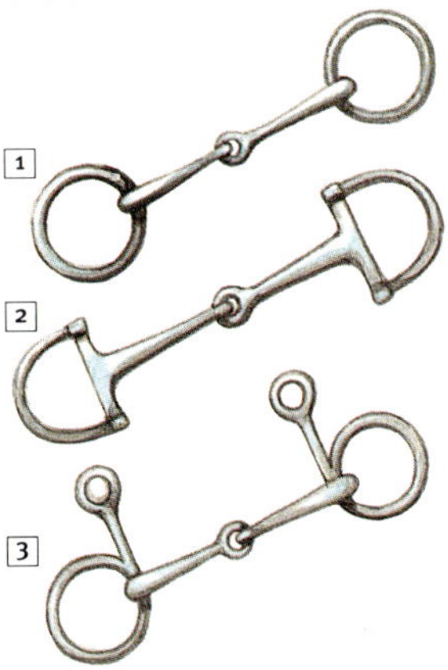

Die Trense

Die Trense ist die gebräuchlichste Zäumung. Das Pferd hat ein Mundstück* im Maul, über das es mithilfe der Zügel vom Reiter gelenkt wird. Das Gebiss, das meist aus Metall ist, ist an einem ledernen Reithalfter befestigt, das aus Genickstück, Stirn-, Nasen- und Kehlriemen besteht. Die Riemen sorgen dafür, dass die Trense nicht verrutschen kann oder gar bei einem Sturz ganz vom Kopf gezogen wird. Es gibt verschiedene Trensengebisse. Rechts siehst du Wassertrense (1), Olivenkopftrense (2) und Pelham* (3).

Weiteres Zubehör

Pferde können sich beim Reiten leicht selbst an den Beinen verletzen – besonders wenn sie eine Fehlstellung der Beine haben. Es gibt deshalb eine ganze Reihe von Zubehör, das Vorder- und Hinterbeine schützt.
Um zu verhindern, dass das Pferd sich selbst mit den Hinterhufen an Ballen oder Krone* des Vorderhufes tritt, benutzt man Gummiglocken, die über den Huf gezogen werden. Streichkappen erfüllen den gleichen Zweck. Die Sehnen am Röhrbein kann man mit Gamaschen oder gewickelten Bandagen schützen.

DIE AUSRÜSTUNG DES REITERS

Für einen Anfänger ist eigentlich nur die Reitkappe unentbehrlich. Ansonsten genügen für den Anfang auch Jeans und Gummistiefel. Wenn du sicher bist, dass Reiten dir wirklich Spaß macht, kannst du dir richtige Reitkleidung kaufen.

Die Reitkappe

Im Reitsport nennt man den Kopfschutz Reitkappe. Ohne Zweifel ist sie der wichtigste Teil deiner Reitkleidung. Sie ist meistens mit schwarzem oder dunkelblauem Samt bezogen. Ihre Schutzfunktion wurde in den letzten Jahren erheblich verbessert. Der Helm ist gut gepolstert und so nicht nur bequemer zu tragen, sondern fängt auch Stöße besser ab. Der Sitz der Kappe wird durch den Kinnriemen mit Kinnschutz verbessert. Kappen gibt es sowohl mit festem als auch mit weichem Schild, wobei letzteres im Fall eines Sturzes besser ist, damit es dir nicht die Nase bricht. Die Kappe muss auf jeden Fall genau passen und TÜV-geprüft sein.

Stiefel oder Stiefeletten?

Traditionell tragen Reiter schmale Stiefel mit einem hohen Schaft bis zum Knie. Diese Reitstiefel sind aus Leder oder Gummi und verhindern, dass die Wade am Steigbügelriemen reibt. Außerdem schützen sie das Bein beim Ausreiten vor Dornen und Gestrüpp. Reitstiefel haben normalerweise an der Ferse einen kleinen Zwickel, damit die Sporen nicht verrutschen.
Anstelle von Stiefeln kann man aber auch Reitstiefeletten tragen. Sie haben den Vorteil, dass man besser in ihnen läuft und sie auch mal in die Stadt anziehen kann. Zu den Stiefeletten werden oft Chapsletten oder Hapiletten aus Leder zum Schutz der Waden getragen. Chaps gibt es in vielen verschiedenen Modellen – mit oder ohne Fransen.
Man kann sie durchaus auch mit Wander- oder Turnschuhen kombinieren.
Die Schuhe sollten aber einen Absatz und Sohlen mit wenig Profil haben. Bei Turnieren sind allerdings nur Reitstiefel erlaubt.

Die Reithosen

Reithosen haben an den Beininnenseiten keine Nähte und sind an den Knien und manchmal auch am Po mit Leder, Kunstleder oder einer zweiten Stoffschicht verstärkt, um Scheuerstellen zu vermeiden. Reithosen gibt es in verschiedenen Materialien mit unterschiedlich hohem Anteil an Synthetik. Zu den elastischen Hosen kannst du sowohl Stiefel als auch Chapsletten tragen. Neben den normalen Reithosen gibt es noch die so genannten Jodhpurs. Diese Reithose ist an den Oberschenkeln weit, an den Unterschenkeln eng und die Wadeninnenseite ist mit Leder besetzt. Sie wird mit Jodhpurstiefeletten kombiniert.

Sonstiges Zubehör

Die **Reithandschuhe** schützen die Hände nicht nur vor Kälte, sondern sorgen auch für einen guten Zügelgriff. Sie verhindern außerdem

Scheuerstellen an den Fingern. In der Dressur gehören sie zur Turnierkleidung. Auch die **Unterwäsche** sollte zweckmäßig sein. Am besten ist Sportunterwäsche aus Baumwolle mit fein gearbeiteten Nähten.

Eine Alternative zur Reithose sind **Lederchaps**, die einfach über Jeans gezogen werden und beim Ausreiten gut vor Dornen schützen.
Gerten gibt es je nach Verwendungszweck in verschiedenen Längen, Stärken und Materialien. Im Rennsport sind sie sehr kurz und hart, in der Dressur lang und biegsam. Mit der Gerte verleiht der Reiter seinen Anweisungen mehr Nachdruck. Sie dient aber nicht dazu, ein Pferd zu verprügeln!
Die **Sporen** muss sich der Reiter erst verdienen, d.h. sie sind für Anfänger völlig ungeeignet, da diese viel zu unruhig mit den Beinen sind. Wie die Gerte dienen auch die Sporen nicht der Bestrafung des Pferdes, sondern sollen die Schenkelhilfen* des Reiters verfeinern und unterstützen.

DER RICHTIGE REITVEREIN

Reitvereine gibt es viele, aber nicht alle sind gleich gut. So entscheidet die Wahl deines Vereins darüber, ob du von Fachpersonal betreut wirst und auf guten Pferden reiten lernst. Achte deshalb bei der Wahl darauf, ob der Verein einen gepflegten Eindruck macht und wie man dort Reitanfänger behandelt.

Die Schulpferde

Reiten lernen macht natürlich auf gut ausgebildeten und braven Pferden viel mehr Spaß als auf aggressiven und widerspenstigen Tieren. Deshalb ist ein Verein, in dem die Pferde sofort die Ohren anlegen und versuchen, zu beißen oder auszuschlagen, nicht empfehlenswert. Am besten schaust du dir auch die Stallungen an. Sie sollten gepflegt, die Einstreu sauber und die Tiere gut genährt sein.

Die Reitlehrer

Bevor du dich für einen Verein entscheidest, solltest du dir mehrere Reitstunden als Zuschauer angucken. So kannst du dir dein eigenes Urteil von den Reitlehrern und deren Methoden machen. Achte darauf, dass sie ruhig und sachlich mit den Reitschülern umgehen und klar verständliche Anweisungen geben. Natürlich sollten sie dir auch als Mensch sympathisch sein.

Programmangebot

In einer staubigen Reithalle in der Abteilung* zu reiten, ist auf Dauer nicht sehr vergnüglich. Sicher packt dich bald die Lust, auch einmal etwas anderes auf dem Rücken deines Pferde auszuprobieren. Wie wäre es zum Beispiel mit Reiterspielen oder Horseball? Vielleicht interessierst du dich aber auch besonders für Dressur, Springen oder Military. Es ist deshalb wichtig, sich bei Zeiten nach dem

Programmangebot des Vereins zu erkundigen. Besondere Vorsicht ist bei Vereinen geboten, die sich allein auf Anfängerkurse spezialisiert haben. Sie haben natürlich nur wenig Interesse daran, ihre Schüler zu fördern. Schließlich würden diese dann ja den Verein wechseln. Wende dich lieber an einen Verein, der ein vielfältiges Angebot und namhafte Mitglieder hat. Hier wirst du sicher schnelle Fortschritte machen und vor allem auch viel Spaß haben.

Nah oder fern?

In der Hoffnung, Zeit, Weg und Geld zu sparen, wählt man oft kurzerhand einfach den nächstgelegenen Verein. Doch der nächste Verein ist leider nicht immer der beste. Manchmal lohnt es sich, ein paar Kilometer mehr zu fahren und dafür ein vielfältigeres Angebot oder bessere Ausreitmöglichkeiten zur Verfügung zu haben. Denn oft gilt auch im Reitsport: „Der Weg lohnt sich!“

FERIEN- UND SCHNUPPERKURSE

Eigentlich gibt es keine bessere Gelegenheit, einen Verein unverbindlich auszuprobieren, als bei einem Ferien- oder Schnupperkurs mitzumachen. Diese Kurse werden während der Schulferien in den meisten Reitschulen angeboten. So kannst du in aller Ruhe ein oder mehrere Wochen lang ausprobieren, ob es dir dort gefällt. Wenn ja, kannst du anschließend Mitglied werden.

Eine Reitstunde

Natürlich träumt jeder Reiter von stundenlangen Ausritten mit seinem Pferd. Doch wie beim Schwimmenlernen, wo man erst ins Meer hinaus schwimmen darf, wenn man gezeigt hat, dass man im Becken schwimmen kann, beginnt das Reitenlernen auch zunächst einmal in der Reithalle.

Wer bekommt welches Pferd?

Jede Reitstunde beginnt mit der Verteilung der Pferde. Dabei teilt der Reitlehrer jedem Reiter ein Pferd zu, wobei er versucht, Reitfähigkeit und Vorlieben der Schüler zu berücksichtigen und die Pferde zu schonen, die bereits mehrere Stunden am Tag gearbeitet haben.

Satteln und Zäumen

Wenn du weißt, welches Pferd du reiten sollst, holst du aus der Sattelkammer dessen Ausrüstung und bringst sie zur Box deines Pferdes. Hier erwartet dich oft schon das erste Hindernis. Das Pferd streckt dir seine ausschlagbereite Hinterhand zu. Sprich mit ihm und biete ihm einen Leckerbissen an, damit es sich umdreht und du ihm das Halfter überstreifen und es anbinden kannst. Dann wird es geputzt, denn du willst es ja nicht voll Staub und Stroh in die Halle führen! Jetzt geht es ans Satteln.
Aufgepasst! Manche Pferde blasen sich auf, sodass du den Sattelgurt nicht schließen kannst. Warte dann einfach ein paar Minuten oder führe es ein paar Runden. Auch beim Auftrensen kann es Probleme geben. Einige Pferde machen ihr Maul nicht auf, andere nehmen den Kopf so hoch, dass du die Trense nicht über die Ohren bekommst. Doch du kannst dein Pferd überlisten: Halte seinen Kopf mit der rechten Hand am Nasenrücken fest und trense es mit der linken auf. Damit es sein Maul öffnet, drückst du mit dem Finger auf die Lade, die zahnlose Stelle zwischen Schneide- und Backenzahn.

Und los geht's!

Wenn du mit Satteln und Trensen fertig bist, führst du dein Pferd am Zügel in die Reithalle. Man läuft immer links vom Pferd! Bevor du die Halle betrittst, rufst du „Tür frei?" und wartest die bejahende Antwort ab.

Führe dein Pferd auf die Mittellinie, gurte nach und stelle die Steigbügel auf deine Länge ein, bevor du aufsitzt. Vergiss nicht, auch aus dem Sattel nochmal nachzugurten*! Außerdem ist es wichtig, mit dem Pferd zu sprechen und es zu streicheln, damit es sich an dich gewöhnt. Die Reitstunde beginnt mit einem leichten Aufwärmtraining für Pferd und Reiter. Während das Pferd am langen Zügel Schritt geht, lässt du die Arme kreisen (das lockert die Schultern), legst deine Beine vor den Sattel (das verbessert den Sitz) und beugst den Oberkörper vor und zurück. Dann trabst du fünf bis zehn Minuten leicht, damit auch die Muskeln des Pferdes warm werden, das ja vorher stundenlang in der Box stand. Nun kann die eigentliche Arbeit beginnen. Je nachdem, wie fortgeschritten die Reiter sind, werden Figuren in der Abteilung, d.h. hintereinander, oder frei in der Bahn geritten.

DIE HILFEN DES REITERS

Wenn du ein Pferd reiten willst, musst du ihm deutlich machen, was du von ihm willst. Dazu musst du mit deinen Schenkeln, deinem Kreuz, durch Zügelhilfen mit deinen Händen und natürlich auch mit deiner Stimme zu dem Tier „sprechen". Man nennt diese Körpersprache beim Reiten die „Hilfen" des Reiters. Mit diesen Gewichts-, Schenkel- und Zügelhilfen kannst du das Pferd vorwärtstreiben, wenden lassen oder anhalten. Ein gut ausgebildetes Pferd weiß jede deiner Hilfen richtig zu deuten – vorausgesetzt natürlich, dass du das entsprechende Zeichen auch korrekt gegeben hast. Reagiert ein Pferd nicht auf leicht gegebene Zeichen, musst du deine Hilfe mit Nachdruck wiederholen.

Nach der Arbeit

Die letzten Minuten der Reitstunde dienen dazu, Pferd und Reiter wieder zur Ruhe kommen zu lassen. Du lässt die Zügel „aus der Hand tauen" und das Pferd am langen Zügel noch einige Runden Schritt gehen, damit es abschwitzen kann und sich sein Puls wieder normalisiert. Ist das Pferd getrocknet, „marschieren" die Pferde „auf der Mittellinie auf", die Reiter sitzen ab, und die Stunde ist beendet. Die Pferde werden nun in den Stall zurückgebracht, abgesattelt, trocken gerieben und belohnt.

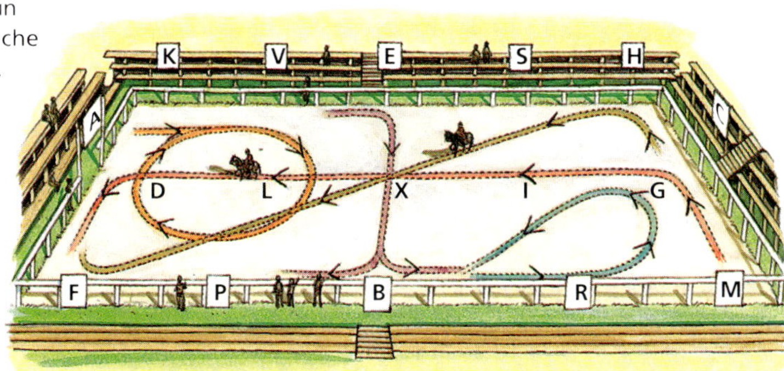

EIN WANDERRITT WILL GUT GEPLANT SEIN!

Damit der Traum vom Wanderritt nicht zum Albtraum wird, solltest du dir vorher einige Gedanken machen und den ersten großen Ausritt gut planen. Wie viele Stunden kannst du dich bequem im Sattel halten? Hast du die richtige Ausrüstung? Wo kommst du unterwegs unter? etc.

Wann bist du bereit?

Bei Wanderritten ist der Schritt die gebräulichste Gangart, denn sie schont Pferd und Reiter. Außerdem kann man in diesem gemächlichen Gang die Landschaft besonders genießen. Natürlich sollten die Reiter trotzdem auch das Leichttraben beherrschen und nicht beim kleinsten Galopp in Panik geraten. Normalerweise müsstest du nach einem Jahr Reitunterricht soweit sein, deinen ersten Wanderritt antreten zu können. Wenn du bereits Turniererfahrung hast, um so besser! Damit dein erster großer Ausritt dich nicht überanstrengt, solltest du vorher etwas Konditionstraining machen. Denn selbst, wenn du abends müde aus dem Sattel rutschst, ist der Tag noch nicht zu Ende. Das Pferd will auch noch versorgt werden!

WELCHE TOUR IST DIE RICHTIGE?

Bevor du dich endgültig für einen Veranstalter oder eine bestimmte Tour entscheidest, überlege dir gut, was du selbst möchtest. Denn nicht jeder mag die asketische Wanderrittvariante, bei der man nur mit einem Zelt und der nötigen Ausrüstung durch die Lande zieht. Für weniger Abenteuerlustige empfiehlt sich eine Tour mit Übernachtungen in Pensionen oder Hotels und Gepäcktransport. Achte darauf, dass die anderen Teilnehmer vom Alter her zu dir passen und dass die Touren nicht länger als fünf bis sechs Stunden pro Tag dauern.

Wanderreitinfos

Im Internet findest du unter der Adresse http://www.wanderreiten.net sowohl eine Liste mit Wanderreitquartieren als auch eine Liste mit den Veranstaltern. Außerdem haben wir auf S. 73 eine Liste mit Reiseveranstaltern zusammengestellt, die Wanderritte im In- und Ausland im Programm haben. Wertvolle Tipps findest du sicher auch bei großen Messeveranstaltungen zum Thema Pferd wie der „Equitana" oder in den entsprechenden Fachzeitschriften wie „Freizeit im Sattel", „Reiterjournal" und „Cavallo" oder auch in der Zeitschrift „Wendy's". Natürlich kannst du auch einfach mal im nächstgelegenen Reisebüro fragen. Nach wie vor die besten Tipps bekommst du aber sicher von anderen Reitern, die selbst schon an Wanderritten teilgenommen haben und dir bestimmt gerne weiterhelfen.

Das sollte nicht fehlen!

Damit du bei jedem Wetter gewappnet bist, solltest du ein gutes, zusammenfaltbares Regencape und einen warmen Fleecepullover im Gepäck haben. Auch Sonnencreme mit hohem Lichtschutzfaktor (z. B. LSF 20) darf nicht fehlen, denn auf dem Pferd findest du keinen Schatten ... Wenn die Tour bei sommerlichen Temperaturen stattfindet, trägst du am besten Stiefeletten und Chapsletten, in denen man weniger schwitzt als in Stiefeln. Wenn es aber regnet, sind Gummireitstiefel das bessere Schuhwerk. Auch die Reitkappe solltest du nicht vergessen und vor allem tragen, denn ohne den Helm bist du nicht geschützt und auch nicht versichert! Neben Kleidern zum Wechseln brauchst du noch einen Kompass und eine Feldflasche. Auch die Unterwäsche ist wichtig: Achte auf fein gearbeitete Nähte, sonst wirst du schnell wund! Für Mädchen empfehlen sich Bustiers oder Unterhemden. Am besten packst du alles in einen großen Rucksack oder eine Reisetasche – Koffer sind ungeeignet.

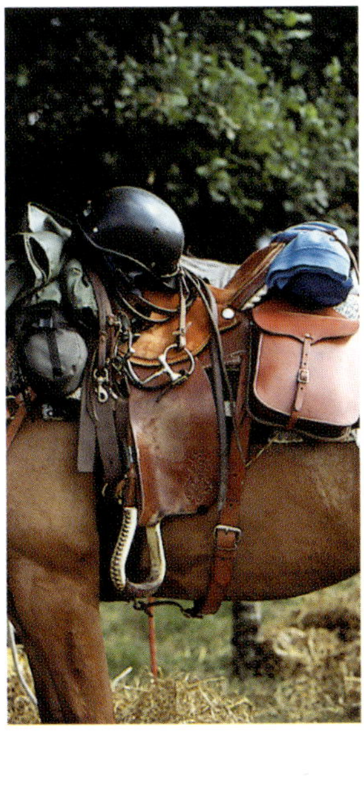

DEN WANDERRITT GENIESSEN

Beim Wanderreiten muss das Pferd im Gegensatz zur Reitstunde nicht am Zügel gehen. Vielmehr kannst du im Schritt getrost die Zügel lang und dein Pferd die Geschwindigkeit selbst bestimmen lassen. Entspann dich, wenn ihr trabt oder galoppiert, und versuche, den Bewegungen des Tieres zu folgen.

Orientierungshilfen

Bei professionell organisierten Wanderritten wird die Gruppe von einem ortskundigen Führer begleitet, sodass man sich nicht verirren kann. Trotzdem ist es wichtig zu lernen, wie du dich in einer fremden Gegend zurechtfinden kannst – schließlich hast du nicht bei jedem Ausritt einen Führer dabei!
Hier ein paar Tipps:
Der Stand der Sonne hilft dir die Himmelsrichtung zu bestimmen, denn sie geht im Osten auf und im Westen unter. Auch Baumstämme können von Nutzen sein, denn Moose und Flechten wachsen meist auf der Stammseite, die nach Nord/Nord-West zeigt. Für eine präzisere Richtungsbestimmung solltest du eine Wanderkarte im Maßstab 1:25 000 und einen Kompass dabei haben. Um deinen Standpunkt zu bestimmen, suchst du dir einen Hügel mit Rundblick oder ein Bauwerk, das auf der Karte leicht zu finden ist wie ein Wasserwerk, eine Brücke oder einen Bauernhof. Nun breitest du die Karte aus, legst den Kompass darauf und richtest beide so aus, dass die Kompassnadel und Karte nach Norden zeigen. Mit ein bisschen Übung wirst du die Routen eurer Ausritte bald problemlos verfolgen und auch planen können! Vergiss nicht, auch auf die Höhenangaben zu achten.

Der Wanderreitsattel

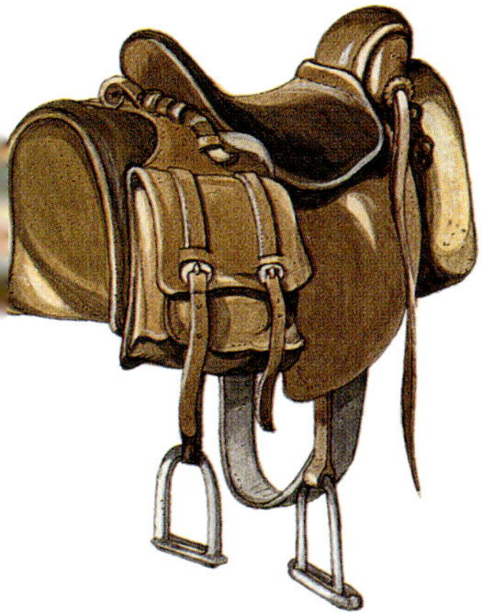

Mehrere Sattelarten sind für Wanderritte geeignet. Am bequemsten sind aber sicher breite und tiefe Sättel, wie sie die Cowboys oder die Guardiens der Camargue benutzen. Auch der Armee- oder Kavalleriesattel eignet sich gut für lange Ritte mit Gepäck. Hochwertige Markensättel wie der MacLellan, der Gaston Mercier oder der Oner erfüllen aber genau wie der klassische englische Reitsattel auch ihren Zweck und werden oft von Touristikveranstaltern verwendet. Einige Sättel haben einen zweiten Bauchgurt oder einen Schweifriemen, damit sie nicht verrutschen können. Sie sind besonders bei Ponys oder sehr dicken Pferden mit wenig Widerrist empfehlenswert. Satteltaschen sind ebenfalls sehr nützlich, um Regencape, Wegzehrung oder Karten zu verstauen. Sie sollten gleichmäßig beladen und gut befestigt werden, damit das Gewicht verteilt ist und sie nicht ans Pferd schlagen. Außerdem sollte die Satteldecke lang genug sein, um das direkte Aufliegen der Taschen zu verhindern.

Wettervorhersage

Selbst wenn der Wetterbericht in Zeitung und Radio gutes Wetter vorausgesagt hat und auch du selbst am blauen Himmel kein Wölkchen erkennen kannst, musst du in Europa immer damit rechnen, dass das Wetter im Laufe eines Tages umschlägt. Deshalb solltest du zumindest immer ein Regencape dabei haben. Bei heftigem Regen bist du mit einem wasserdichten Reitmantel, der auch Beine und Sattel schützt, allerdings besser beraten. Sie sind entweder aus gewachster Baumwolle oder aus atmungsaktivem Synthetik wie z. B. Gore-Tex. Die Synthetikmäntel trocknen schneller und man gerät in ihnen nicht so schnell ins Schwitzen. Auch wasserdichte Chaps, die man über der Reithose trägt, sind ein guter Schutz.

Die Vorbereitungen

Wenn ihr morgens Hotel oder Zelt verlasst, besteht eure erste Aufgabe darin, die Pferde für den neuen Tag fertig zu machen. Sind die Tiere über Nacht auf der Weide gewesen, müsst ihr sie zuerst wieder einfangen, um ihnen das Halfter überzuziehen. Meistens lassen sie sich das willig gefallen – besonders wenn ihr sie mit einem Leckerbissen lockt! Dann geht es ans Putzen. Wie vor der Reitstunde werden die Pferde mit Kardätsche und Striegel gebürstet, nur dass sie nach der Koppel vermutlich schmutziger sind als im Stall. Vergiss nicht, auch die Hufe auszukratzen – bei Wanderritten ist das noch wichtiger als im Reitstall, denn bei den langen Wegstrecken kann ein kleiner Stein im Huf sehr viel Schaden anrichten! Sind die Pferde geputzt, geht es ans Satteln und Trensen. Passt gut auf, dass ihr das Sattelzeug nicht vertauscht ...

Aufbruch

Eins, zwei, drei sitzen alle im Sattel und es kann endlich losgehen! In welcher Reihenfolge geritten wird, hängt größtenteils von den Pferden ab. Pferde, die leicht ausschlagen, reiten am Ende der Gruppe, andere wollen die Führung übernehmen und ziehen den ganzen Weg, wenn man es ihnen verweigert. Pferde, die einander sehr mögen, lässt man natürlich auch hintereinander laufen. Los

geht's zunächst einmal im Schritt, damit die Pferde warm werden. In dieser gemächlichen Gangart kannst du die ins erste Morgenlicht getauchte Landschaft besonders genießen. Ein guter Führer wird die Gruppe während des Rittes immer im Auge behalten, um sicher zu gehen, dass es keine Probleme gibt. Er wird euch sicher auch viel über die Tier- und Pflanzenwelt am Wegrand erzählen: „Kommt mit euren Pferden nicht zu nahe an Eibenhecken heran, denn die kleinen roten Beeren dieser Tannenart sind für Pferde hochgiftig. Brombeeren schaden ihnen jedoch nicht, im Gegenteil! Farn? Zu viel Farnkraut vertragen Pferde nicht, kleine Mengen helfen aber gut gegen Würmer. Achtet mal auf die großen Ameisenhaufen! Ich habe noch nie erlebt, dass ein Pferd auf einen getreten wäre ..."

Zügig vorwärts!

Natürlich reitet ihr nicht den ganzen Tag nur im Schritt, sondern legt dann und wann einen Trab oder sogar einmal einen kleinen Galopp ein. Auch die Pferde wissen etwas Abwechslung zu schätzen! Im Gelände trabt man am besten leicht. Dabei solltest du die Zügel wieder richtig aufnehmen, damit dein Pferd nicht aus der Reihe ausbricht und die anderen überholt. Das gilt natürlich auch für den Galopp.

Das Lager

Wenn abends die Dunkelheit hereinbricht, sucht euer Reiseleiter nach einer geeigneten Koppel oder zumindest nach zwei Bäumen, zwischen denen die Pferde an einem gespannten Seil angebunden werden können. Es gibt gut ein Dutzend verschiedener Knoten, um ein Pferd sicher anzubinden. Einen davon solltest du dir zeigen lassen und lernen! Bevor du dein Pferd sich selbst überlässt, prüfe noch einmal, ob es nicht ausbrechen oder Giftpflanzen fressen kann. Nun kannst du dich getrost ausruhen. Morgen ist schließlich auch noch ein Tag!

HABEN PFERDE EINEN GUTEN ORIENTIERUNGSSINN?

Pferde verfügen über ein gutes Gedächtnis. Ihr Geruchssinn und Gehör sind besser ausgebildet als bei uns Menschen. Deshalb finden sie den Weg zum Stall oft schneller als wir. Wenn das Tier eine Route schon mehrfach gegangen ist, erkennt es bei Wanderritten problemlos die richtige Abzweigung, sodass es dich sicher auf dem kürzesten Weg zum Ziel bringt. Soweit man weiß, verfügt das Pferd aber nicht wie einige Säuger, Vögel und Insekten über ein spezielles Organ zur Orientierung.

So geht ein Sicherheitsknoten, der sich mit einem Ruck öffnen lässt.

VOM PFERD AUS DIE WELT ENTDECKEN

In den vergangenen Jahrhunderten haben zahlreiche Schriftsteller, Künstler und Weltenbummler die Länder der Erde vom Pferderücken aus bereist. Auch heute ist so ein Wanderritt oft die beste Möglichkeit, Land und Leute unverfälscht kennen zu lernen.

EINE FRAGE DER PERSPEKTIVE

Um die Natur in vollen Zügen zu genießen gibt es kein besseres Transportmittel als das Pferd, denn vom Pferderücken aus hast du gleich eine ganz andere Sicht der Dinge. Probier es einfach mal aus. Geh den selben Weg zuerst zu Fuß und reite ihn dann entlang. Du wirst den Unterschied merken. Du hast einen besseren Überblick und der beruhigende, wiegende Schritt deines Pferdes lässt dich schnell alle Probleme vergessen. Nur noch du, das Pferd und die Natur sind wichtig!

Die Mongolei

Die Mongolei, in der es ebenso viele Pferde wie Einwohner gibt, ist für viele Reiter ein Wunschziel. Am besten erkundet man die weiten Steppen dieses Landes, indem man zu Pferd den Spuren Dschingis-Khans folgt und sich abends in eine Jurte, ein traditionelles mongolisches Filzzelt, zurückzieht.

Island

Island, der eisige Felsen im Meer, wurde von den Wikingern entdeckt. Auch heute noch ist die von zahlreichen Vulkanen überzogene Insel sehr ursprünglich und kann am besten vom Islandpferd aus erkundet werden.

Die ungarische Puszta

Die ungarische Puszta, die einzige weitläufige Steppenlandschaft Europas, eignet sich wunderbar für ausgelassene Galoppritte. Doch es gibt dort auch allerhand zu sehen: seltsame weiße Rinder, den Zebus ähnlich, Schafe mit aufregend geformten Hörnern, mächtige schwarze Wasserbüffel und eine schier unglaubliche Vielfalt an Vogelarten. Die Puszta verlangt dem Reiter besondere Fitness ab, denn die athletischen ungarischen Nonius-Pferde legen oft ein enormes Tempo vor.

Ost- und Südafrika

Normalerweise werden Safaris in Kleinbussen oder Geländewagen angeboten und man muss fast aufpassen, dass es beim Beobachten der wilden Tiere keinen Stau gibt. Eine echte Alternative ist eine Pferdesafari im Okavango-Delta oder auf den Hochebenen der Serengeti. Dort kann man neben Affenbrotbäumen und Akazien auch Giraffen, Elefanten, Gnus und andere wilde Tiere beobachten und ist zudem meist sehr gut untergebracht.

Marokko

Nach wie vor sind die ausdauernden Pferde der Berber die geeignetsten Transportmittel, um die schmalen Bergpfade des Mittleren Atlas, die sonst nur von Eseln und Maultieren betreten werden, die Sahara oder die Ausläufer des Hohen Atlas zu bereisen.

Die amerikanischen Nationalparks

Bei den Wanderreittouren durch Westamerika fühlt man sich leicht in die Zeit des Wilden Westens zurückversetzt. Die Routen führen vorbei an Bisonherden und Tausende von Jahren alten Mammutbäumen und vielleicht sieht man sogar einmal einen Grislibären. Als Reittiere werden neben Pferden oft auch Maultiere eingesetzt, denn auf langen Strecken in unwegsamem Gelände sind diese Mischlinge ausdauernder und trittsicherer als Pferde.

EINIGE TOURVERANSTALTER

Diese Anbieter haben Wanderritte und Trekkingtouren im Programm.
***Reit Eldorado Kärnten**: Gerlitzenstr. 11, A-9551 Bodensdorf, Tel. 0043/(0)42/43 23 22, FAX 0043/(0)42/43 23 22 – 20*
***ReNatour – das andere Reisebüro!**: Hirschberger Str. 48, 90473 Nürnberg, Tel. 0911/89 07 04, FAX 89 07 79*
***Lernidee Reisen**: Dudenstr. 78, 10965 Berlin, Tel. 030/78 60 00-0, FAX 78 65 59 6*
***Wanderreitbetrieb Arndt-Wagner**: Mittelstr. 7c, 57392 Schmallenberg-Holthausen, Tel./FAX 02974/16 35*
*Oder im **Internet** unter: http://www.travelchannel.de/cgi-bin/erlebnisreisen/reise.pl*

DIE OLYMPISCHEN DISZIPLINEN

Der Reitsport ist die einzige olympische Wettkampfart, in der Männer und Frauen gleichberechtigt starten. Reiter und Reiterinnen treten in drei Disziplinen gegeneinander an: Springsport, Dressur und in der Vielseitigkeitsprüfung Military.

Der Springsport

Beim Springen geht es darum, auf einer festgelegten Bahn, dem Parcours, verschiedene Hindernistypen (Steilsprung, Oxer, Wassergraben, Mauer, Wall, Zweier-Kombination etc.) zu überwinden. Dabei sollten die Hindernisse unversehrt bleiben und das Pferd den Sprung nicht verweigern. Springwettkämpfe werden auf Sand- oder Grasplatz oder in der Halle (indoor) ausgetragen. Man unterscheidet zwei Arten von Springen: Die schwere Springprüfung und die so genannten Hunterprüfungen.

Schwere Springprüfung

Bei dieser Prüfung geht es darum den Parcours möglichst fehlerfrei zu reiten. Die Zeit ist unbegrenzt. Jeder Fehler wird mit Strafpunkten belegt. Ein heruntergefallenes Hinderniselement gibt 4, einmaliges Verweigern 3 und zweimaliges Verweigern sogar 6 Strafpunkte. Verweigert das Pferd ein drittes Mal den Sprung, werden Pferd und Reiter disqualifiziert. Wird der Reiter abgeworfen, kostet ihn das 8 Fehlerpunkte etc. Die Reiter, die einen fehlerlosen Ritt gezeigt haben, nehmen am Stechen teil. Der Parcours wird erschwert, hat aber weniger Hindernisse als zuvor. Bei mehreren fehlerfreien Ritten siegt der Schnellste. Beim Nationenpreis wird dieses Springen als Mannschaftsprüfung geritten. Jedes Land stellt vier Reiter, gewertet werden aber nur die drei besten Ergebnisse jeder Runde.

Hunterprüfung

Hier bestimmt die Stoppuhr den Sieger, denn der Schnellste gewinnt. Für jeden Fehler gibt es Strafsekunden, sodass nicht nur schnell, sondern auch möglichst fehlerfrei geritten werden muss! Bei dieser Prüfung gibt es nur einen Durchgang.

Die Dressur

Diese Disziplin ähnelt dem Eiskunstlauf oder dem Ballett. Die Pferde müssen auf einem Dressurviereck (Bild unten) eine vorgegebene Folge von Reitbahnfiguren ausführen, wobei sie durch die Hilfen des Reiters angeleitet werden. Bei einfacheren Dressurwettbewerben beschränkt sich die Vorführung auf das präzise Ausführen geometrischer Figuren in den drei Grundgangarten. Bei den internationalen Turnieren sind die Anforderungen aber entsprechend höher. Die Pferde müssen Passage (einen tanzenden Trab), Piaffe (Trab auf der Stelle), Galopppirouette, Traversale (Seitwärtsgang) und Galoppwechsel von Sprung zu Sprung beherrschen.

In strengem Schwarz-Weiß

Bei schweren Dressurprüfungen gelten für die Reiter strenge Kleidervorschriften: schwarzer Reitzylinder, weiße Reithosen, Handschuhe, Krawatte bzw. Plastron (eine Art Halstuch) und Hemdbluse, schwarze Reitstiefel und natürlich der schwarze Dressurrock mit dem Schwalbenschwanz. Auch Gerte und Lederzeug sind Regeln unterworfen. So dürfen z. B. keine Hilfszügel verwendet werden.

DRESSURREITEN ZU MUSIK

In den letzten Jahren hat sich auch bei internationalen Wettkämpfen – mit Ausnahme der Olympischen Spiele – eine Spielart des Dressursports zunehmend durchgesetzt: die mit Musik unterlegte Kür, die dem Reiter mehr Freiraum zugesteht als die Pflicht. Die Reiter können dabei die Abfolge bestimmter Pflichtelemente frei festlegen und zur Musik ihrer Wahl vorführen. Die strenge Kleiderordnung bleibt jedoch bestehen und es dürfen auch keine neuen Figuren (z. B. die Sprünge der Hohen Schule, wie sie an der Spanischen Hofreitschule in Wien oder im Cadre Noir in Saumur trainiert werden) eingebaut werden.

Die Military

Diese Vielfältigkeitsprüfung findet meist an zwei oder drei aufeinander folgenden Tagen statt und ähnelt dem Triathlon.

Die Dressur

Die Dressur wird gewöhnlich am ersten Wettkampftag geritten und ist meist weniger anspruchsvoll als bei reinen Dressurprüfungen – was nicht bedeutet, dass die rund 20 geforderten Figuren unsauber geritten werden dürfen! Die Figuren müssen präzise ausgeführt werden und die Einheit zwischen Pferd und Reiter muss sichtbar sein.

Der Geländeritt

Der Geländeritt ist das Kernstück der Military und lässt sich in vier Phasen einteilen. Die **Wegstrecke I** dient dem Aufwärmen der Muskulatur. Das Pferd muss dabei innerhalb einer bestimmten Zeit mehrere Kilometer traben. Es folgt ein **Hindernisrennen (Steeplechase)** in vollem Galopp über Hecken, das sowohl die Ausdauer des Pferdes als auch seine Fähigkeit, aus voller Geschwindigkeit (rund 690 m/min) heraus sicher zu springen, testet. Die **Wegstrecke II** ist wieder im Trab und innerhalb einer bestimmten Zeit zurückzulegen. Sie dient der Entspannung des Pferdes nach der anstrengenden Galopparbeit. Nach einer rund zehnminütigen Pause, in der ein Tierarzt das Pferd untersucht, um sicher zu gehen, dass es den weiteren Anstrengungen gewachsen ist, folgt das Herzstück des

Geländerittes, der **Querfeldeinritt (Cross Country)**. Der Parcours

von ca. 8 km Länge führt über unterschiedliche Bodenbeläge. Er umfasst mindestens 40 Hindernisse, die im Gegensatz zu den üblichen Springparcours feststehend sind. Die Gefahr eines Sturzes ist deshalb um vieles höher! Beliebt sind auch Hindernis-Kombinationen. Oft gibt es mehrere Möglichkeiten, die Hindernisse anzureiten: der direkte Weg ist meist auch der schwerere. Weniger geübte Reiter bevorzugen meist den längeren, dafür aber einfacheren Weg, der *chicken way* genannnt wird.

Das Parcoursspringen

Am Tag nach der Geländeprüfung steht das Parcoursspringen auf dem Programm. Bevor die Tiere zum Springen zugelassen werden, werden sie noch einmal tierärztlich untersucht. Verletzte oder überanstrengte Pferde dürfen nicht antreten. Es ist im Übrigen gar nicht selten, dass gerade die Vortagessieger auf diese Weise aus dem Wettkampf ausscheiden ... Aber die Gesundheit geht vor! Die Hindernisse sind nie höher als 1,20 m. Dass trotzdem viele Fehler gemacht werden, liegt an den Anstrengungen der vorigen Tage.

DIE WELTMEISTERSCHAFT

Die Weltmeisterschaften im Reitsport finden im Wechsel mit den Olympischen Spielen alle vier Jahre statt. Im Gegensatz zu den Olympischen Spielen zählen bei der Weltmeisterschaft nicht nur Dressur, Springen und Military, sondern auch der Fahrsport, Voltigieren und Distanzreiten zu den Wettkampfdisziplinen. Da ist für jeden Geschmack etwas dabei!

Der Fahrsport

Wie bei der Military besteht auch beim Fahrsport der Wettkampf aus mehreren Einzelprüfungen. Begonnen wird stets mit der **Präsentation der Gespanne**. Neben dem Gesamteindruck werden auch Ausstattung, Harmonie und Sauberkeit der Wagen wie der Pferde bewertet. Anschließend folgt die **Fahrdressurprüfung**, bei der der Fahrer seine Kunstfertigkeit und den Gehorsam der Pferde unter Beweis stellt. In Schritt und Trab müssen knapp ein Dutzend Figuren vorgeführt werden, z. B. ein Zirkel bei dem der Fahrer die Tiere nur mit einer Hand lenkt. Der eigentliche Höhepunkt des Wettbewerbs ist aber die **Marathonfahrt**. Auf einer Strecke von 20 bis 30 km müssen fünf verschiedene Etappen durchlaufen werden. Gefahren wird in Schritt oder Trab, wobei bestimmte Höchstzeiten nicht überschritten werden dürfen. Die fünfte Etappe ist dabei die schwierigste, denn die Gespanne müssen um sechs bis acht Hindernisse gelenkt werden, deren Anordnung dem Fahrer oft alles

abverlangt. Da kann schon mal ein Wagen kippen! Der letzte Wettbewerb schließlich ist das **Hindernisfahren**. Die Wagen müssen um normale Hindernisse wie 1 m hohe Kegel mit aufgesetzten Bällen gelenkt werden. Der Weg durch diese Hindernisse hindurch ist kaum breiter als das Fahrzeug ... Kommen mehrere Teams fehlerfrei ins Ziel, erfolgt ein zweiter Durchgang auf Zeit, bei dem der Schnellste gewinnt. Es gibt eigene Wettbewerbe für jede Art von Gespannen, d.h. je nach Anzahl der Pferde. Die Fahrten mit dem Vierspänner sind die schwersten, doch die Ein- und Zweispänner sind die eigentlichen Publikumslieblinge. Auch für Ponys gibt es eigene Fahrsportwettkämpfe.

Das Distanzreiten

Bei Distanzritten sind weite Strecken mit ein und demselben Pferd zu bewältigen. Bei internationalen Wettkämpfen werden rund 160 km bei einer Durchschnittsgeschwindigkeit von 20 km/h zurückgelegt. In gewissen Abständen finden tierärztliche Kontrollen statt, die den Zustand der Tiere überprüfen. Zeigen die Pferde Anzeichen von Lahmheit, Dehydrierung oder Überanstrengung, müssen Reiter und Pferd ausscheiden. Geschwindigkeit allein reicht also zum Sieg nicht aus ... Willst du an Distanzritten teilnehmen, solltest du das Training langsam steigern. Die ersten Wettkämpfe sollten nur über Strecken von 20, 40 und später dann 60 km gehen. Aus Sicherheitsgründen ist bei regionalen Wettbewerben die Geschwindigkeit auf 15 oder 16 km/h beschränkt.

Das Voltigieren

Das Voltigieren ist die akrobatischste Disziplin im Pferdesport und wird oft von sehr jungen Sportlern betrieben, die aus dem Bereich der Gymnastik kommen. Die Voltigierwettbewerbe bestehen immer aus einem Pflicht- und einem Kürprogramm. Die Einzeldarbietungen sind meist sehr kreativ und tänzerisch, doch auch das Mannschaftsvoltigieren kann sich sehen lassen. Ein Glanzstück des Mannschaftssport ist z.B. die menschliche Pyramide auf dem Pferderücken, bei der der leichteste (und meist jüngste) Voltigierer bis zu 4 m über der Erde schwebt!

Ein Tag auf der Rennbahn

Pferderennen finden meist am Wochenende statt, auf berühmten Rennbahnen zum Teil aber auch täglich. Sie sind nicht einfach nur Wettkämpfe, sondern geradezu aufregende gesellschaftliche Ereignisse, die wie Feste gefeiert werden.

• Jede halbe Stunde findet ein Rennen statt, das immer demselben Ritual folgt. Zuerst müssen die Jockeys auf die Waage.

• Währenddessen verkündet der Stadionsprecher: *„Die Pferde begeben sich in den Führring."* In diesem Ring werden die noch reiterlosen Rennpferde im Schritt an der Hand geführt und können von den Zuschauern begutachtet werden. Das ist vor allem für diejenigen interessant, die wetten!

• Nach dem Wiegen begeben sich die Jockeys zu ihren Pferden. Oft bekommen sie jetzt noch letzte Anweisungen von ihrem Trainer oder dem Pferdebesitzer. Erst wenn der Aufruf *„Die Jockeys auf die Pferde"* aus dem Lautsprecher ertönt, lassen sich die Reiter in den Sattel heben.

• *„Die Pferde auf die Bahn!"* Nach einigen Runden im Führring reiten die Jockeys zur Rennbahn, an deren Begrenzung schon die gespannten Zuschauer warten. Der Weg zu den Startboxen dient dabei gleichzeitig dazu, die Pferde warm zu reiten. Bei Hindernisrennen gibt es zum Aufwärmen einen eigenen, an die Rennbahn angrenzenden Reitplatz.

• *„Die Pferde begeben sich in die Startboxen".* Das Öffnen der Startboxen begleitet der Sprecher mit *„Die Pferde sind gestartet.",* um dann zu voller Form aufzulaufen und den Rennverlauf mit Kommentaren zu würzen: *„Blow Up liegt in Führung, dicht gefolgt von Swing Baby ... Doch da zieht Dow Jones auf der Außenbahn vorbei ..."* Je mehr sich die Pferde der Zielgeraden nähern, umso aufgeregter feuern die Zuschauer auf dem Turf* ihre Favoriten an.

• Kurz vor der Ziellinie steigern sich die Zurufe bis zur Raserei, um dann in kommentierendes Gemurmel überzugehen, wenn die Sieger feststehen. Die Pferde galoppieren nach der Ziellinie noch aus, bevor sie dann in gemächlicherer Gangart zurückgeritten werden. Der Sieger wird oft von Sportjournalisten umlagert. Bis das nächste Rennen aufgerufen wird, leeren sich die Tribünen.

DIE WAHL DER EINTRITTSKARTE

Bei vielen Rennbahnen gibt es bei den Eintrittskarten zwei Preiskategorien. Die preisgünstigeren Plätze liegen meist etwas abseits der Tribünen, den Stallungen und dem Führring, und der Blick auf den Turf ist nicht so gut. Oft lohnt es sich deshalb, für die Karte ein paar Mark mehr auszugeben.

WAS ZIEHT MAN AN?

Auf den großen Rennbahnen wie der deutschen Nobelbahn Iffezheim bei Baden-Baden wird auch heute noch größten Wert auf Eleganz gelegt. Sehen und gesehen werden, lautet dort das Motto. Bei kleineren Rennen sind die Zuschauer meist ganz normal gekleidet.

Reiterspiele

Pferde und Ponys sind nicht nur Arbeits-, Turnier- und Freizeitpartner, sondern können auch wunderbare Spielgefährten sein! Sie verstehen erstaunlich schnell, worauf es ankommt – ob sie zum Ziel galoppieren oder einen Ball kicken sollen. Reiterspiele sind für Reiter wie Tiere eine willkommene Abwechslung und ein Riesenspaß!

Pony-Spiele

Die Idee und das Regelwerk zu den vielen Pony-Spielen, an denen heute junge Reiter auf der ganzen Welt teilnehmen, stammt aus England. Gewöhnlich werden bei solchen Spielen acht bis zehn Ideen aus dem englischen Handbuch ausgewählt, aber natürlich kannst du mit deinen Freunden auch einfach das ein oder andere Spiel selbst organisieren! Beliebt sind z. B. Sackhüpf-Rennen (jeder Spieler hüpft in einem Sack neben seinem Pony her, das er dabei am Halfter zum Ziel führen muss), Fähnchenslalom und Ringreiten (die Reiter müssen im Trab oder Galopp mit einem Holzdegen aufgehängte Ringe treffen) etc. Diese Spiele machen nicht nur Spaß, sondern sind auch ein prima Training. Sie verbessern die Sattelfestigkeit, die Geschmeidigkeit und die Hilfen des Reiters und schaffen noch dazu auf spielerische Art Vertrauen

zwischen Tier und Reiter. Dass es nicht nur ums Gewinnen, sondern auch um Kameradschaft und Respekt vor den menschlichen wie tierischen Mitspielern geht, versteht sich dabei von selbst! Das Motto lautet: Dabei sein ist alles!

Das Horseball

Horseball ist eine Art Basketball zu Pferd, bei dem es gilt, einen Ball mit Lederschlaufen in den gegnerischen Korb zu befördern. Das Spiel ist dem argentinischen Pato sehr ähnlich. Die Mannschaften bestehen aus jeweils vier Reitern, die während der gesamten Spieldauer immer dasselbe Pferd reiten. Um in Ballbesitz zu kommen ohne dabei mit den Füßen den Boden zu berühren, müssen die Spieler sehr schnell und geschickt zu Werke gehen. Horseball wird auf einem relativ

kleinen Spielfeld gespielt, sodass man leicht in der Reithalle oder auf dem Reitplatz ein entsprechendes Feld abtrennen kann. Dieses Reitsportspiel erfreut sich immer größerer Beliebtheit und wird bereits in vielen Vereinen angeboten.
Es kann auch problemlos mit Ponys gespielt werden.

Das Polo

Polo gilt unter den Reiterspielen als das Spiel der Könige. Es wird mit einem relativ kleinen Holzball gespielt, der mittels eines Schlägers aus Bambus ins gegnerische Tor befördert werden soll. Das Spiel verlangt von Pferd und Reiter Kraft, Schnelligkeit und Präzision.
Polo kann nur auf speziellen Poloplätzen gespielt werden, da das Spiel viel Raum beansprucht (274 x 180 m). Da nach jedem Spielabschnitt das Pferd ausgewechselt werden sollte, braucht jeder Spieler mindestens zwei, besser ab sechs Poloponys. Dies erklärt, warum Polo eigentlich nur sehr betuchten Reitern oder aber Poloprofis vorbehalten bleibt.

Das Paddock-Polo

Paddock-Polo ist eine Variante des Polo-Spiels, das nur mit drei Spielern pro Mannschaft und auf wesentlich kleinerem Spielfeld gespielt wird.
Es kann deshalb auch problemlos in Reitvereinen oder Ponyklubs angeboten werden. Auch die Spielzeit ist mit vier bis acht Spielabschnitten von je 7 Minuten auf zwei Durchläufe von je 8 Minuten verkürzt, sodass die Pferde nicht zwischendurch ausgetauscht werden müssen.

TRADITIONEN IN DER WELT DER PFERDE

Auch im Pferdesport werden Wissen und Techniken von Generation zu Generation weitergegeben. Besonders gepflegt werden Traditionen in Institutionen wie den Zirkus- und Kunstreitschulen. Obwohl solche Ausbildungsstätten natürlich nicht sehr zahlreich sind, sind sie doch von Bedeutung.

Die Hohe Schule

Luftsprünge wie die Kapriole oder die Levade sind heute eigentlich nicht mehr Bestandteil der Dressur und werden nur noch in Kunstreitschulen und in großen staatlichen Ausbildungsstätten trainiert. Ursprünglich gehörten diese Sprünge zur klassischen Ausbildung von Militärpferden. Sie stammt also aus einer Zeit, in der Kriege noch vorwiegend von der Kavallerie bestimmt wurden. Seit der Renaissance wird diese „Hohe Schule" der Reitkunst an verschiedenen Reitakademien gelehrt, von denen allerdings heute viele nicht mehr existieren – wie die bekannte „Schule von Versailles", der die Französische Revolution ein Ende setzte. Die wohl berühmteste noch bestehende Reitakademie ist die Spanische Hofreitschule in Wien (Bild unten). Doch auch im 20. Jahrhundert wurden solche Institutionen gegründet: z. B. im spanischen Jerez, in Lissabon und im slowenischen Lipica. Die französische Kavallerieschule Cadre Noir in Saumur (Bild oben) nimmt aufgrund ihres militärischen Ursprungs eine Sonderstellung ein. Entscheidend geprägt haben die Reitmeister Pignatelli (Ende 16 Jh.), Pluvinel (Anfang 17. Jh.) und La Guérinière (Anfang 18. Jh.) die dortige Hohe Schule.

Das Jagdreiten

Traditionell wurden Jagden auf Füchse, Hirsche oder Wildschweine veranstaltet. Dabei verfolgte eine Hundemeute, die vom Huntsman oder Oberpikör in Schach gehalten wurde, die Spur des Wildes und wies den Jägern den Weg. In England und Frankreich werden auch heute noch solche Hetzjagden in traditioneller Weise gepflegt. Die englische Variante gilt dabei als die sportlichere, weil die Reiter den Hunden auf Sichtweite statt nur auf Hörweite folgen. In Deutschland sind solche Jagden, die kreuz und quer über Hecken und Gräben durchs Gelände führen, verboten. Hier finden statt dessen so genannte Schleppjagden statt, bei denen ein Fährtenleger für die Meute auf einem vorherbestimmten Kurs künstlich ein Fährte legt. Eine Jagd kann aber auch ohne Hunde und Wild stattfinden und viel Spaß machen. Dazu wird ein Reiter zum Fuchs ernannt und heftet sich einen Fuchsschwanz an den Ärmel, den es zu „erbeuten" gilt. Natürlich solltet ihr dem Fuchs genügend Vorsprung lassen!

Der traditionelle Damensitz

Beim Reiten im Damensattel sind beide Beine der Reiterin auf der linken Seite des Pferdes. Der Damensitz ermöglichte es den Frauen auch in langen Kleidern oder Röcken zu reiten. Das Reiten im Damensitz wird schon seit mehr als 400 Jahren praktiziert, erfreute sich aber erst mit Erfindung des Damensattels im 19. Jahrhundert besonderer Beliebtheit. Dieser spezielle Sattel sorgte nämlich durch zwei Hörner unterhalb des Vorderzwiesels für die richtige Lage der Beine. Heute reiten nur noch wenige Reiterinnen im Damensitz, obwohl es nicht schwer ist sein Pferd daran zu gewöhnen. Die Hilfen, die normalerweise mit dem rechten Schenkel gegeben werden, vermittelt man nun mit der Reitgerte. Die eigentliche Schwierigkeit beim Reiten im Damensitz besteht vielmehr in der Anschaffung eines entsprechenden Sattels.

Der Zirkus

Das Zirkusreiten hat eine lange Tradition. Es hat sich im Laufe der Jahrhunderte, in denen es von Generation zu Generation weitergegeben wurde, kaum verändert. Der Zirkus, wie wir ihn heute kennen, entstand Ende des 18. Jahrhunderts in England. Damals war die Pferdedressur Hauptbestandteil des Zirkus-Programms.
So erklärt sich auch die kreisrunde Form der mit Holzspänen ausgestreuten Manege, die mit einem Durchmesser von 13 m genau der Länge einer Longe* entspricht. Zu großer Berühmtheit sind im 19. Jahrhundert die Zirkusleute François Baucher

und James Fillis gelangt, deren Namen in der Welt der Pferdedressur ebenso bekannt sind wie die der akademischen Reitmeister der Renaissance. Viele Zirkusse, u. a. Grüss in Frankreich, Chipperfiled in England, Knie in der Schweiz und Krone in Deutschland, führen auch heute noch die altehrwürdigen Nummern früherer Tage auf: Vorführung an der Longe, Reiten nach der Hohen Schule oder die Dressur mehrerer freier Pferde. Natürlich hat jede Nummer eine ganz eigene Note und jeder Dompteur Vorliebe für eine bestimmte Form der Darbietung. Alexis Grüss arbeitet z. B. in der Manege bevorzugt mit freien Pferden. Im 20. Jahrhundert lockern sich die alten Traditionen.

Neue Elemente kommen hinzu und ersetzen oder mischen sich mit alten. Bartabas vom Zirkus Zingaro hat beispielsweise eine Art artistisches Pferdetheater ins Leben gerufen.

Pferdeshow-Vorführungen

Großer Beliebtheit erfreuen sich auch Veranstaltungen von Showgruppen, die mit ihrem oft vielseitigen Programm auf Städtetournee sind oder am Rande von großen Pferdesportwettkämpfen oder Pferdemessen auftreten. Das Programm dieser Veranstaltungen

vereint in sich oft mehrere Stile und Traditionslinien. Da findet man Artisten, die wie die Kosaken von Pferd zu Pferd springen, Reiter, die wie die Indianer ohne Trense und Sattel auskommen, oder Artisten, die die ungarische Post vorführen (Bild oben). Bei letzterem steht ein Reiter aufrecht auf den Rücken zweier Pferde und lenkt noch dazu mit den Zügeln, die er in der Hand hält, drei weitere Tiere vor ihm ... Je nach Veranstalter hält das Programm aber auch noch andere Überraschungen bereit: Pferdestunts, komische Nummern, wie wir sie in Film und Fernsehen gezeigt bekommen, Nachstellen historischer Ereignisse etc.

Der Stierkampf

Stierkämpfe werden auch heute noch in Spanien, Portugal, Südfrankreich und Lateinamerika veranstaltet, wobei sich in letzteren auch der Stierkampf zu Pferd großer Beliebtheit erfreut. In Spanien sitzt der Pikador in der Arena zu Pferde. Seine Aufgabe ist es den Stier mit kleinen Lanzen wild zu machen, bevor der Torero sich ihm zu Fuß nähert.

In Portugal wird der Stierkampf gänzlich zu Pferde ausgetragen. Der Stier wird dabei nicht getötet, sondern Pferd und Reiter sollen ihren Mut und ihre Geschicklichkeit beweisen.

Die Fantasia

Die nordafrikanische Fantasia ist militärischen Ursprungs. Unter Geschrei und Flintenkrachen preschen die Reiter heran und vollführen einen Scheinangriff.

Gerade Marokko ist für seine Fantasia-Tradition berühmt. Bei großen Pilgertreffen zu Ehren eines Marabuts, eines mohammedanischen Heiligen, versammeln sich mitunter über 1000 Reiter in traditionellen Kostümen zur Fantasia. In schneller Folge reiten immer zehn Reiter gleichzeitig auf die Zuschauertribüne zu, stoppen die Tiere erst im letzten Moment und feuern Salut mit ihren Gewehren.

IN STADT UND LAND IM EINSATZ

Die zunehmende Technisierung und Motorisierung hat das Pferd als Arbeitstier weitgehend überflüssig gemacht. Aus dem Stadtbild ist es verschwunden und selbst auf dem Land sind die zahlreichen landwirtschaftlichen Maschinen an seine Stelle getreten. Doch heute bemüht man sich vielerorts das Pferd wieder einige seiner traditionellen Aufgaben übernehmen zu lassen ...

Forstpflege

In der Forstwirtschaft werden abgestorbene oder gefällte Bäume abtransportiert. Normalerweise werden die Stämme mit Drahtseilen aus dem Unterholz gezogen und dann auf eine Maschine geladen. Diese Methode ist jedoch nicht ganz unproblematisch, denn die Maschinen können nicht weit ins Unterholz eindringen, ihre Planierketten hinterlassen im weichen Waldboden oft tiefe Spuren und die Stahlkabel verletzen die Baumrinde. Einige Forstbetriebe haben deshalb wieder das Pferd für sich entdeckt: Es kann ohne Probleme in dichtes Unterholz vordringen und schont den Boden.

Die berittene Polizei

Im Wald, am Strand, in den städtischen Grünanlagen, den Fußgängerzonen und sogar auf den unübersichtlichen Parkplätzen großer Supermärkte hat sich die berittene Polizei gut bewährt. Vom Pferd aus haben die Polizisten nicht nur einen besseren Überblick, sondern sie kommen im unwegsamen Gelände auch schneller vorwärts als mit Autos oder Motorrädern. Außerdem wirken sie auf den großen Polizeipferden zugleich Ehrfurcht gebietend und sympathisch, was den Kontakt zur Bevölkerung erleichtert. Pferdestaffeln werden daher seit einigen Jahren wieder verstärkt eingesetzt.

Pferde bei der Städtereinigung

In begrenztem Maße finden in einigen französischen Städten Pferde versuchsweise bei der Stadtreinigung wieder Verwendung. Die Gemeinden hoffen, dadurch ihr Image zu verbessern und ihr Umweltbewusstsein unter Beweis zu stellen. Und in der Tat können Pferde bei der Pflege öffentlicher Gärten und Parks, beim Leeren der Mülleimer oder bei der Straßenreinigung durchaus gute Dienste leisten.

Pferde als Touristenführer

Gibt es eine stilvollere Möglichkeit einer Stadtrundfahrt oder einer Schlossbesichtigung als eine Kutschfahrt? Beim Klappern der Hufe und dem Knirschen der Räder fühlt man sich in vergangene Zeiten zurückversetzt. Hier hat man die Muße, den Erklärungen des Reiseleiters zu folgen und ganz entspannt den Blick schweifen zu lassen. Solche Kutschfahrten werden in vielen gut besuchten Großstädten, bei einigen historischen Sehenswürdigkeiten oder in großen Parks angeboten. Doch auch in ländlichen Gebieten wie an Nord- und Ostsee oder in Bayern sind solche Ausflüge möglich.

Pferde als Landarbeiter

Obwohl manche Bauern aus Nostalgie nach wie vor Kaltblutpferde in der Landwirtschaft einsetzen und die freundlichen, stillen Riesen den lärmenden Motoren vorziehen, dominieren Traktoren und andere landwirtschaftliche Maschinen doch ganz klar das Bild. In mancherlei Hinsicht sind Pferde der modernen Technik jedoch nach wie vor überlegen: z. B. bei sehr steilen Hanglagen, extrem kleinen Ackerflächen oder solch empfindlichen Kulturen wie Wein, Artischocken oder Zuckerrüben. Manche Landwirte setzen außerdem auf Pferde, um ihrem Hof einen Hauch von Tradition und Luxus zu verleihen.

JEREZ – EINE STADT IM PFERDEFIEBER

Jedes Jahr Anfang Mai verfällt ein kleines Städtchen im Süden Andalusiens ins Pferdefieber: Jerez de la Frontera. Farbenprächtige Wettbewerbe und Vorführungen rund ums Pferd finden dann dort statt.

Schauspiele und Wettkämpfe

Die Festwoche in Jerez wird traditionell von den *accoso y derribo*-Wettkämpfen eröffnet, was so viel bedeutet wie „Heimsuchung und Niederringen“. Die Jungstiere werden von den Stierreitern auf ihre Tauglichkeit für die Arena getestet. Mit langen Holzspießen werden sie zu Fall gebracht und nur die Tiere, die sofort wieder auf die Beine springen, werden für die Zucht oder den Stierkampf ausgewählt. Am Stadteingang finden im Nationalgestüt die *doma vaquera*-Wettbewerbe statt. *Doma vaquera* ist eine Dressurart, die sich an den Anforderungen des Stierkampfes orientiert und entsprechend Reaktionstempo und -sicherheit des Pferdes trainiert. Höhepunkt des Festes ist der Stierkampf mit den Pikadors und Toreros.

Zucht und Tradition

Die Fahrsportwettbewerbe finden im Gestütshof statt, wo prachtvoll angeschirrte Pferde und Ponys antike Kutschen ziehen.

Unweit des Gestüts finden die Show-Veranstaltungen statt, bei denen reinrassige Andalusier auf ihre Zuchttauglichkeit geprüft werden. Stolz werden die wunderschönen Tiere den Richtern vorgeführt. Hengste, Zuchtstuten und ihre Fohlen wiehern aufgeregt durcheinander. Auf dem Reitplatz finden derweil die klassischen Reitsportwettkämpfe statt – Dressur, Military und Springen, die einmal mehr zeigen, dass Spanien im Reitsport zu Recht zur Weltspitze gehört.

Die Kunstreitschule

Jerez beheimatet auch die in den 70er Jahren von Don Alvaro Domecq Romero, einem andalusischen Großgrundbesitzer, gegründete Königliche Kunstreitschule. 1983 wurde diese private Reitakademie verstaatlicht, seit 1987 darf sie das Prädikat „königlich" in ihrem Titel führen. Zu den Festlichkeiten führt sie ihre berühmte Show der „tanzenden Andalusier" auf.

Der *Paseo*

PFERDEFESTIVALS IN DER GANZEN WELT

- *Golega (Portugal), 11. November: Stier- und Pferdemarkt, Reitsportwettbewerbe*
- *Siena (Italien), 2. Juli und 16. August: Palio-Rennen ohne Sattel, wobei die Vertreter der Stadtteile gegeneinander antreten*
- *die berühmten Rodeo-Veranstaltungen in Tucson oder Las Vegas (USA), Februar und Juni*
- *die Calgary-Stampede in Kanada, Juli: bedeutendste Rodeoveranstaltung Nordamerikas mit verwegenen Planwagenrennen*
- *Saignelégier (Schweiz), August: Parade mit 400 Pferden, bäuerliche Quadrille mit vier Gespannen und acht Reitern, Gespannrennen im Galopp*
- *die Pasolas der Insel Sumba (Indonesien), Februar und März: rituell-kriegerische Lanzenkämpfe zu Pferd*
- *die Naadams (Mongolei): Pferderennen für Kinder*

Der große Park im Stadtzentrum ist Schauplatz des nächtlichen Festes. Die beiden Alleen, die sich hier kreuzen, sind gesäumt von den *casetas*, kleinen Hütten für die Flamencotänzer, und füllen sich bei Einbruch der Dunkelheit mit prachtvoll geschmückten Reitern, Kutschen und Spaziergängern. Der Paseo ist sehr malerisch, und Menschen wie Pferde wetteifern um Eleganz und Farbenfreude.

DIE PFERDEZUCHT

Die Pferdezucht liegt in Deutschland vor allem in den Händen von privaten Züchtern, die die Zucht meist nebenher betreiben. Wurden Pferde früher in erster Linie für militärische Zwecke oder als Kutsch- und Zugpferde gezüchtet, liegt der Bedarf heute fast ausschließlich bei Sport- und Reitpferden.

Die Auswahl der Zuchttiere

Die Selektion der Zuchttiere unterliegt strengen Auswahlkriterien, die wiederum von den vorab festgelegten Zuchtzielen abhängen. Obwohl die Stuten natürlich maßgeblichen Einfluss auf die Nachkommenschaft haben (sie stellen die Hälfte des Erbguts, tragen die Fohlen aus und ziehen sie groß), unterwirft man gerade die Zuchthengste einer besonders strengen Prüfung. Die Erklärung dafür ist einfach: Ein Hengst zeugt durchschnittlich zwanzig Fohlen pro Jahr, während eine Stute aufgrund der langen Tragzeit nur ein Fohlen jährlich bekommen kann. Unter diesem ökonomischen Gesichtspunkt muss die Auswahl der Zuchthengste zwangsläufig strenger ausfallen als die der Stuten. Dies erklärt auch, warum es in Deutschland weit mehr eingetragene Zuchtstuten als Zuchthengste gibt. Die Hengste unterliegen dabei dem so genannten Körzwang, d. h. sie müssen sich einmal im Jahr (im Herbst) einer Prüfungskommission stellen, die aus Mitgliedern der regionalen Zuchtverbände besteht. Diese Prüfungen nennt man Körungen. Die Zuchtrichtlinien werden dabei länderübergreifend von den Pferdezuchtverbänden festgelegt.

Zuchtverbände

Nach Ende des Zweiten Weltkrieges erfreute sich der Reitsport immer größerer Beliebtheit, sodass die wachsende Nachfrage nach Reitponys und -pferden zu einer verstärkten Zucht von Warmblutpferden führte. Die deutschen Züchter sind in regional organisierten Zuchtverbänden, auch Stammbücher genannt, zusammengeschlossen. Diese weitgehend unabhängigen Regionalverbände halten sich aber an gemeinsame Zuchtziele, die im gesamten Bundesgebiet gelten. Die Arbeit auf Bundesebene koordiniert die Abteilung „Zucht" der Deutschen Reiterlichen Vereinigung, die jedoch nicht als übergeordneter Bundesverband zu verstehen ist.

PFERDEZUCHT IN ANDEREN TEILEN DER WELT

Das 20. Jahrhundert brachte der Pferdezucht nicht nur in Deutschland die größte Krise ihrer Geschichte. Vielmehr ging die Zahl der Pferde in der ersten Hälfte dieses Jahrhunderts weltweit stark zurück – wobei die Bestände der Kaltblüter weitaus stärker betroffen waren als die der Sport- und Freizeitpferde. Erst in den späten 70er Jahren war erneut ein Aufwärtstrend spürbar. Die mächtigen Zuchtverbände der USA, die vor allem für das Quarter Horse berühmt sind, führen den Weltmarkt an. Quarter Horses, die auch in Kanada gezüchtet werden, sind die zahlreichste Pferderasse der Welt, doch die größte Pferdepopulation insgesamt findet sich in Lateinamerika. Auch in Europa gibt es bedeutende Zuchten: Was für England seine Vollblutzucht ist, ist für Deutschland, Holland, Frankreich, Schweiz und Belgien dagegen vorwiegend die Zucht von Sport- und Freizeitpferden.

Zuchtgebiete

Die Zuchtgebiete des deutschen Warmblutes lehnen sich an die Grenzen der deutschen Bundesländer an, wobei Hannover, Westfalen, Holstein und Oldenburg die wichtigsten Zuchtgebiete sind. Auch international haben deutsche Warmblutpferde einen hervorragenden Ruf und stellen rund zwei Drittel der im Turniersport eingesetzten Pferde dar.

Ein Tag auf dem Gestüt

Ein Besuch auf einem Gestüt lohnt sich eigentlich immer. Besonders schön ist es im Frühling, wenn die Fohlen noch ganz jung sind oder im Herbst. Denn dann finden die Hengstparaden der Zuchtverbände statt.

- Die Landeszuchtverbände sind Interessenten ganzjährig geöffnet. Bei ihnen wie auch bei den privaten Gestüten empfiehlt es sich jedoch, vorab einen Termin für eine Führung zu vereinbaren.

- Neben den regionalen Landesgestüten gibt es in Deutschland eine ganze Reihe von Amateurzüchtern. So befindet sich zum Beispiel in Niedersachsen, das mit rund 16 000 eingetragenen Stuten als das größte geschlossene Warmblutzuchtgebiet der Welt gilt, der Stutenbestand fast ausschließlich in bäuerlichem Besitz. Überhaupt hat der durchschnittliche deutsche Züchter selten mehr als ein bis zwei registrierte Zuchtstuten.

- Am lohnenswertesten ist ein Gestütsbesuch sicher im Frühling und Frühsommer (März bis Juli). Zwar sind in dieser Zeit viele Hengste auf die auswärtigen

Deckstationen verlegt, doch gibt es ansonsten viel zu entdecken: In dieser Zeit werden die Stuten gedeckt – wobei die Befruchtung oft künstlich durchgeführt wird – und die schon tragenden Stuten stehen unter ständiger medizinischer Kontrolle. Mit etwas Glück kannst du vielleicht sogar eine Geburt miterleben, sicher aber das eine oder andere Fohlen sehen!

- Wenn du dich allerdings mehr für die Hengste

interessierst, ist der Spätsommer die bessere Zeit, denn erst im August und September sind alle Hengste wieder auf dem Gestüt. Dann finden dort auch allerlei Veranstaltungen rund ums Pferd statt: Reit- und Fahrprüfungen in historischen Kostümen, Vorführung traditioneller Pferdeberufe usw. Im Spätherbst und Winter kehrt schließlich Stille ein.

• Bedingt durch die zunehmende Technisierung in Land- und Forstwirtschaft, ist die Kaltblutzucht in Deutschland in den letzten Jahren auf 1500 Tiere geschrumpft. Die wichtigsten deutschen Rassen dieser schweren Kutsch- und Zugpferde sind das Süddeutsche Kaltblut, auch Noriker genannt, das Rheinisch-Westfälische und das Schleswiger Kaltblut. Auch die Schwarzwälder Füchse (s. S. 45) gehören trotz ihrer Eignung als Reitpferde zu den deutschen Kaltblütern.

PFERDEMUSEUM

In vielen der großen Gestüte kann man auf Anfrage altehrwürdige Kutschen, Wagen, Sättel und Zaumzeuge samt der dazugehörigen Accessoires bewundern. Auf jeden Fall solltest du davor aber einen Führungstermin vereinbaren, damit du nicht ungelegen kommst und beispielsweise eine Reitstunde störst. Ohne Voranmeldung kannst du dagegen das Deutsche Pferdemuseum in Verden besuchen, vor dem die Bronzestatue des berühmten Trakehnerhengstes Tempelhüter steht.

TRAUMBERUFE RUND UMS PFERD

Als begeisterter Reiter hast du bestimmt auch schon einmal davon geträumt, später einmal Hobby und Beruf zu verbinden. Tierarzt, Agraringenieur, Reitlehrer, Reitprofi ... – es gibt viele Berufe rund ums Pferd.

Reiten als Schulfach

An einigen deutschen Schulen wird Reiten als Zusatzfach angeboten. Gerade in Schulen, die ihren Schwerpunkt auf Sport gelegt haben (z.B. so genannte Sportgymnasien), werden gerne Reitkurse in verschiedenen Schwierigkeitsgraden abgehalten. Dazu arbeiten die Schulleitungen eng mit einem nahe gelegenen Reiterverein zusammen, der den Schülern sowohl die Pferde als auch ausgebildete Reitlehrer zu Verfügung stellt.

Tierarzt

Tierarzt erscheint vielen Pferdefreunden als der Traumberuf schlechthin. Wenn auch du mit dem Gedanken spielst, solltest du aber bedenken, dass dieser Beruf zwar schön, aber auch sehr anstrengend ist: Gerade Großtierärzte müssen zu ihren Patienten oft weit fahren, stets erreichbar sein und zupacken können. Feste Arbeitszeiten sind bei so einem Job ein Fremdwort. Auch das Tiermedizinstudium ist nicht ohne. Die entsprechenden Studienplätze sind mit einem relativ hohen *numerus clausus* belegt und die Anforderungen hoch.

Reitlehrer

Um Bereiter oder Reitlehrer zu werden sollte man nicht nur gerne reiten und mit Pferden umgehen. Es gehört auch Verantwortungsgefühl, Engagement und pädagogisches Einfühlungsvermögen dazu, denn die Aufgaben sind vielfältig: Pferde ausbilden und bereiten, Reitstunden abhalten – wobei der Lehrer meist zu Fuß in der Reitbahn steht, die Reitschüler motiviert, Pferdepfleger anweist und für Abwechslung in den Stunden sorgt. Die Tage sind oft lang und die Arbeit wird nicht besonders gut bezahlt. Viele brechen die Ausbildung enttäuscht ab, weil sie nicht den ganzen Tag auf dem Pferd sitzen und nur wenig Zeit für die eigene Turnierkarriere bleibt. Bist du dir der Nachteile aber von Anfang an bewusst und unterrichtest gerne, wirst du in dem Beruf viel Spaß haben.

Pferdewirt

Die Ausbildung zum Pferdewirt dauert drei Jahre und verbindet die praktische Arbeit im Betrieb mit theoretischem Wissen in der Berufsschule.
Die ersten beiden Ausbildungsjahre sind von den Anforderungen und Lernzielen her für alle Auszubildende gleich und erst im dritten Lehrjahr erfolgt die Spezialisierung auf einen der vier möglichen Schwerpunkte: Pferdezucht und -haltung, Reiten, Rennreiten und Trabrennfahren. Pferdewirte arbeiten auf Gestüten, in Rennställen, Reitervereinen, Reitställen etc. Die Ausbildung ist breit gefächert und umfasst alle Bereiche rund ums Pferd. Die Weiterbildung zum Fachagrarwirt oder Pferdewirtschaftsmeister ist möglich.

Reitprofi ... und Pferdehändler

Selbst die erfolgreichsten Reitprofis können nicht allein von den Einkünften ihrer Wettkampferfolge leben. Um ihre Reitställe zu finanzieren, sind sie deshalb meist auch Pferdehändler. Sie sind stets auf der Suche nach Pferden mit guten Anlagen, die sie dann weiter ausbilden und auf Wettkämpfen antreten lassen. Dadurch erzielen sie beim Verkauf bessere Preise. Diese Profis sind eben auch clevere Geschäftsleute!

ALLE BERUFE FÜHREN ZUM PFERD

Obwohl du ganz verrückt nach Pferden bist, sind deine Noten in Naturwissenschaft zu schlecht, um Tiermedizin oder Agraringenieurswesen zu studieren. Trotzdem solltest du nicht einfach notgedrungen Reitlehrer, Wanderrittleiter oder Pferdepfleger werden, wenn du dir nicht absolut sicher bist, dass dieser Beruf genau das Richtige für dich ist. Sonst wird dir das später sicher leid tun!
Ganz gleich, welchen Beruf du auch ergreifst – ob Jurist, Informatiker, Kaufmann, Buchhalter oder Journalist –, du wirst sicher in einem Reitverein, Ponyclub oder Gestüt unterkommen. Denn auch die Pferdewelt besteht nicht allein aus Reitprofis, sondern braucht Menschen aus allen Berufszweigen!

Hufschmied

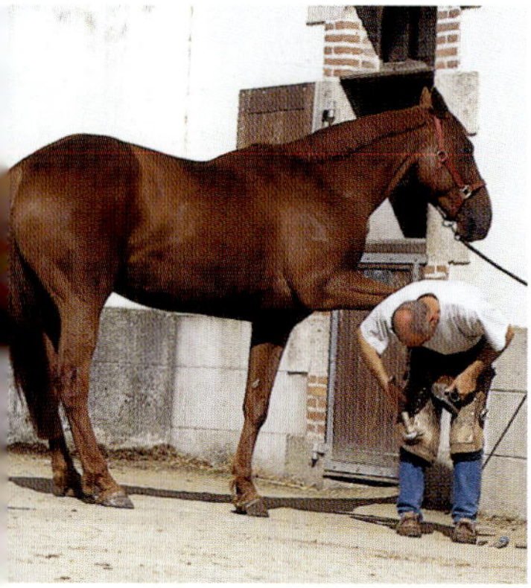

Als Hufschmied muss man schwere körperliche Arbeit leisten und sollte deshalb über eine robuste Konstitution verfügen. Besonders der Rücken wird bei diesem Handwerk stark belastet. Das Schmieden ist deshalb nach wie vor eine Männerdomäne – auch wenn langsam die eine oder andere Frau zum Schmiedehammer greift. Um Hufschmied zu werden muss man eine drei- bis vierjährige praktische Ausbildung bei einem Meisterbetrieb machen, die einmal pro Woche durch Berufsschulunterricht ergänzt wird. Ein guter Hufschmied sollte natürlich nicht nur über genaue anatomische Kenntnisse des Pferdes verfügen, sondern auch Freude am Umgang mit den Tieren haben. Arbeit gibt es reichlich und der Verdienst ist gut.

Züchter

Züchten ist eine Tätigkeit, die großes Verantwortungsgefühl, viel Zeit und vor allem sehr viel Pferdeverstand erfordert. Die Tiere müssen rund um die Uhr betreut, gefüttert, gepflegt und ausgebildet werden. Von besonderer Wichtigkeit ist aber die Wahl der Beschäler, der Zuchthengste, um die angestrebten Zuchtziele zu erreichen. Leben kann man von der Pferdezucht allerdings kaum.
Die meisten Pferdezüchter sind Bauern, Pferdehändler oder Liebhaberzüchter und betreiben die Zucht nur im Nebenerwerb. Die Pferdezucht bringt schon deshalb nicht viel ein, weil das Angebot die Nachfrage bei weitem übertrifft. Gerade ausgemusterte Rennpferde und Exporte aus dem Ausland werden billig angeboten und übersättigen den Markt. Allein der Verkauf gut ausgebildeter Pferde lohnt sich wirklich für den Züchter.

Pferdepfleger

Pferdepfleger ist ebenfalls ein Ausbildungsberuf, der keine besonderen schulischen Abschlüsse voraussetzt. Obwohl ihre Arbeit in den Ställen unersetzlich ist, bekommen die Pferdepfleger oft wenig Anerkennung. Die Gehälter sind niedrig, die Arbeitstage lang. Der Pferdepfleger ist für die Betreuung der Pferde im Stall zuständig und erledigt alle dort anfallenden Arbeiten. Er füttert, mistet, putzt und hält Stallungen und Sattelkammer in Ordnung. Durch den unmittelbaren Kontakt mit den Tieren kennen sich erfahrene Pferdepfleger meist sehr gut aus. Ein Aufstieg zum Stall- oder Futtermeister oder auch Bereiter ist durchaus möglich.

Lad-Jockey und Lad-Driver

Lads nennt man die Pferdepfleger in den Galopp- und Trabrennställen, die über

die Arbeiten eines Stallburschen hinaus auch die Pferde unterm Sattel oder vor dem Sulky trainieren. Die begabtesten (und leichtesten!) unter ihnen können es unter Umständen zu einem professionellen Jockey oder Sulkyfahrer (auch Driver genannt) bringen oder Trainer werden. Die meisten Lads und im Übrigen auch viele Trainer betreiben den Pferdesport jedoch nur in ihrer Freizeit.

KONTAKTADRESSEN

Deutsche Reiterliche Vereinigung e.V. (FN):
Freiherr-von-Langen-Str. 13, 48231 Warendorf, Tel. 02581/63620

Deutscher Akademischer Reiterverband e.V.:
Lavalplatz 6, 40822 Mettmann, Tel. 02104/82541

Vereinigung der Freizeitreiter und -fahrer in Deutschland:
Am Bauernwald 5b, 81739 München, Tel. 02104/82541

Deutsches Pferdemuseum:
Holzmarkt 9, 27283 Verden, Tel. 04231/807145

Internetauskünfte:
http://www.welt-der-pferde.de
oder
http://www.pferdefreunde.de

DAS PFERD ALS KINOSTAR

Seit der Erfindung des Kinos sind auch Pferde auf der Leinwand zu sehen. Wer könnte sich einen Western, einen Abenteuerfilm oder einen Historienfilm ganz ohne Pferde vorstellen? Wilde Jagden, spektakuläre Stürze, Szenen rührender Freundschaft zwischen Mensch und Tier – Pferde sind vielseitige Kinotalente!

Pferdestars

Meistens dienen Pferde im Film ja nur als Statisten, doch einige haben es auch bis zur Hauptrolle gebracht. Sicher kennst du ja die Serien *Black Beauty, Fury* oder *Mister Ed* und Filme wie *Der mit dem Wolf tanzt* (Kevin Costner), *Urga* (Nikita Michalkow) oder *Die Maske des Zorro* (Martin Campbell). Das aus dem 1998 gedrehten Film *Der Pferdeflüsterer* (Robert Redford) bekannte Pferd Pilgrim wurde in Wirklichkeit von vier verschiedenen Pferden dargestellt – manchmal sogar in ein und derselben Szene. Am schwierigsten waren die Dreharbeiten bei den Einstellungen, in denen die Pferde bedrohlich wirken sollten, denn der Tiertrainer musste sie von weitem mit Stimme und Gesten im Zaum halten.

Beruf: Stuntpferd

Pferde, die von Kugeln getroffen zu Dutzenden niedersinken, die durch Flammen und Glas springen, sich unter ihrem Reiter von Brücken stürzen ... Zum Glück sind wir im Kino! Zu Beginn des 20. Jahrhunderts vollbrachten die Pferde solche Kunststückchen nicht ganz freiwillig. Vielmehr wurden sie bei den Dreharbeiten mit Drahtseilen oder Stricken zu Fall gebracht oder durchs Feuer geprügelt. Doch diese Zeiten sind glücklicherweise vorbei!

Seit den 50er Jahren sind solche Praktiken nämlich gesetzlich verboten. Stattdessen werden Pferde in mehrjähriger Ausbildung von Tiertrainern dressiert, sodass sie auf Befehl oder Handzeichen durch Feuer springen oder sich regungslos fallen lassen. Um die schreckhaften Tiere so weit zu bringen, muss sich der Trainer ihr bedingungsloses Vertrauen erwerben. Doch im Film werden natürlich noch andere Mittel eingesetzt, die Szenen spektakulärer erscheinen lassen als sie sind: Spezialeffekte, Montagen und Computeranimationen. Bei sehr gefährlichen Szenen werden Pferdeautomaten benutzt und mit Aufnahmen realer Pferde zusammengeschnitten.

Die Arbeit hinter den Kulissen

Der berühmteste Kino-Pferdetrainer ist **Mario Luraschi** (Bild unten). Kaum ein Western oder Historienfilm wird ohne seine Hilfe gedreht. Der gebürtige Italiener und Wahlfranzose hat mehrere Dutzend ausgebildeter Stuntpferde zur ständigen Verfügung, die ihm auch den Weg nach Hollywood geebnet haben. Mario Luraschi hat u.a. die Pferde in der Verfilmung des Comics *Lucky Luke* (Terence Hill) trainiert und war als Berater für *Der Mann in der eisernen Maske* (Randall Wallace) tätig. Außerdem bringt er auch Schauspielern die für Filme nötigen Reitkenntnisse bei. So berühmte Akteure wie Gérard Depardieu, Sophie Marceau und Juliette Binoche gehören zu seinen Schülern.
In den USA ist auch **Rex Petersen** ein sehr geschätzter Tiertrainer, der u.a. an der Fernsehserie *Blitz, der schwarze Hengst* (Peter D. Marshall) und dem Film *Der Pferdeflüsterer* mitgearbeitet hat.
Was Gespanne anbetrifft, gibt es in der Welt des Films keinen bekannteren als **François Hardy**, der eine umfangreiche Sammlung museumsreifer Kutschen, Postkutschen, Kaleschen und Planwagen besitzt, die er an Filmgesellschaften vermietet.

NOTIZEN

Hier ist genug Platz für deine eigenen Notizen, Skizzen, Fotos etc. rund ums Pferd. Natürlich kannst du dein Pferdebuch an dieser Stelle auch durch ausgeschnittene Zeitungsartikel vervollständigen. Vielleicht ist ja sogar ein Artikel über deinen letzten großen Turniererfolg dabei ...

WORTERKLÄRUNGEN

Alle hier erklärten Wörter sind bei ihrem ersten Auftreten im Text mit einem Sternchen (*) gekennzeichnet.

Abteilung:
Gruppe von Reitschülern, die gemeinsam Reitunterricht erhalten und hintereinander reiten

Abzeichen:
So nennt man die weißen Stellen an Kopf und Beinen. Am Kopf unterscheidet man u.a. Stern, Keilstern, Blesse, Schnippe und Laterne

Aussitzen:
Im Trab oder Galopp locker im Sattel sitzen bleiben

Beschäler:
Ein Zucht- oder Deckhengst

Box:
Geschlossener Einzelstall

Brauner:
Pferd mit braunem Deck- und schwarzem Langhaar

Chromosome:
Träger der Erbanlagen

Cob:
Englischer Ausdruck für kompakte Pferde mit einem Stockmaß um 1,50 m

Decken:
Der Hengst besteigt die Stute und befruchtet sie

Deckhaar:
So nennt man das Fell beim Pferd

Domestikation:
Wildtiere werden zu Haustieren umgezüchtet

Falbe:
Pferd mit gelblichem Deck- und dunklem Langhaar

Flehmen:
Das Aufnehmen eines interessanten Geruchs mit hochgerecktem Kopf, hochgezogener Oberlippe und leicht geöffnetem Maul

Fohlen:
Neugeborenes Pferd

Fuchs:
Rötlichbraunes Pferd mit gleichfarbigem Langhaar

Gangpferde:
Pferde, die neben den drei Grundgangarten noch weitere Gangarten gehen (z.B. Tölt)

Gebäude:
Der Körperbau des Pferdes

Gestüt:
Hof, auf dem Pferde gezüchtet werden

Hengst:
Männliches Pferd

Hilfen:
Signale die der Reiter dem Pferd mit Kreuz, Zügeln, Schenkeln und Gewicht gibt

Hinterhand:
Alle Körperteile des Pferdes, die sich hinter der Hand des Reiters befinden, besonders die Hinterbeine

Hohe Schule:
Besonders schwierige Dressurübungen

Isabell:
Gelbliches Pferd mit hellem Langhaar

Jährling:
Einjähriges Pferd

Kaltblut:
Kräftige Arbeits- und Zugpferde, auch „schwere Pferde“ genannt

Kavallerie:
Berittene Armeetruppen

Kolik:
Bauchschmerzen und -krämpfe beim Pferd, die u.U. tödlich enden können

Krone:
Oberer Rand des Hufes

Kruppe:
Zwischen Kreuz und Schwanz liegender Teil des Rückens beim Pferd.
Kummez:
Teil des Zuggeschirrs, das den Zugtieren um den Hals gelegt wird.
Langhaar:
Mähne und Schweif des Pferdes; wird auch Schutzhaar oder Behang genannt
Leichter Sitz:
Entlastungssitz im Galopp, meist beim Springen oder im Gelände eingenommen
Leichttraben:
Aufstehen und Hinsetzen im Sattel entsprechend des Trabrhythmus
Longe:
Lange Leine, an der das Pferd im Kreis laufen gelassen wird
Mundstück:
Metall- oder Gummigebiss für Stangen- oder Trensenzäumung
Military:
Große Vielseitigkeitsprüfung mit Dressur, Geländeritt und Parcoursspringen
Nachgurten:
Festziehen des Sattelgurts vor dem Reiten und nach der Aufwärmphase
Offenstall:
Stall mit Auslauf, sodass die Pferde selbst wählen können, ob sie drinnen oder draußen stehen
Paddock:
Auslauf für Pferde
Pelham:
Englische Stangenzäumung, die mit zwei Zügeln geritten wird
Pellets:
Gepresste Fertigfuttermischung, Kraftfutter
Pferdeartige:
Biologische Bezeichnung für nahe Verwandte der Pferde; auch Equiden genannt
Pony:
Pferd unter 1,48 m Stockmaß; auch Kleinpferd genannt; Begriff jedoch oft uneinheitlich gebraucht
Ramsnase:
Kopfform mit nach oben gewölbtem Nasenrücken
Rappe:
Dunkles Pferd mit dunklem Langhaar
Rosse:
Brunstperiode der Stute, auch Rossigkeit genannt
Sattel:
Ermöglicht dem Reiter einen bequemen und richtigen Sitz und schont den Pferderücken
Schenkelhilfen:
siehe Hilfen
Selektion:
Zuchtauswahl, -auslese nach bestimmten Kriterien
Steeplechase:
Hindernisrennen
Stockmaß:
Größe des Pferdes vom Boden bis zum Widerrist
Studbook:
Zuchtbücher, in denen die Zuchtstuten mit Papieren eingetragen werden
Trense:
Meint eigentlich nur ein gebrochenes Mundstück, bezeichnet aber auch das gesamte Kopfstück
Turf:
Rennbahn
Vollblut:
Rennpferde und Arabische Pferde mit einwandfreiem Stammbaum
Vorhand:
Alle Körperteile des Pferdes, die vor der Reiterhand liegen
Warmblut:
Pferde zwischen Kalt- und Vollblut

REGISTER

N

O

P

Q

R

S

T

U

V

W

Z

BILDNACHWEIS

Umschlag: Foto: OPTIPRESS/Langrish; Illustrationen von o nach u: J.-J. Hatton; J.-C. Senée; Y. Beaujard; J.-C. Senée; om: J.-J. Hatton; or: J.-M. Pariselle - 1: P.-E. Dequest - 3: J.-J. Hatton - 4 von o nach u: J.-M. Pariselle; J.-C. Senée - 5 von o nach u: J.-J. Hatton; Y. Beaujard - 6-7: J.-M. Pariselle; or: G. Macé - 8 o und ul: F. Chéhu; ur: BIOS/Dennis Nigel - 9 o und u: BIOS/Gunther; m: BIOS/Noblet - 10-11: J.-M. Pariselle - 12 o: EXPLORER/Charmet; u: GIRAUDON - 13 o: EXPLORER/Charmet; u: J.-C. Senée - 14: OPTIPRESS/Chéhu - 15: OPTIPRESS/Langrish - 16 o: OPTIPRESS/Soumillard; b: F. Chéhu - 17 o: OPTIPRESS/Langrish; u: OPTIPRESS/Stuewer - 18-19: J.-M. Pariselle - 20 o: F. Chéhu; u: J.-M. Pariselle - 21 o: OPTIPRESS/Langrish; u: F. Chéhu - 22 o: OPTIPRESS/Langrish; u: F. Chéhu - 23 o: OPTIPRESS/Chéhu; u: OPTIPRESS/Langrish - 24 o: OPTIPRESS/Chéhu; u: F. Chéhu - 25 o: OPTIPRESS/Chéhu; u: OPTIPRESS/Stuewer - 26-27 Zeichnungen: J.-M. Pariselle; Fotos: F. Chéhu - 28 ul, om und ur: OPTIPRESS/Langrish; ml: OPTIPRESS/Stuewer; or: OPTIPRESS/Chéhu - 29 o: OPTIPRESS/Chéhu; m und u: OPTIPRESS/Langrish - 30 h und m: OPTIPRESS/ Chéhu; u: OPTIPRESS/Soumillard - 31 ol: OPTIPRESS/Soumillard; m, or und ur: OPTIPRESS/Langrish - 32: OPTIPRESS/Langrish - 33 o: OPTIPRESS/ Langrish; ul: OPTIPRESS/Sarfati; ur: OPTIPRESS/Chéhu - 34 ol: OPTIPRESS/Langrish; ul und or: OPTIPRESS/Chéhu - 35 h und u: OPTIPRESS/Langrish; m: OPTIPRESS/Chéhu - 36 o: OPTIPRESS/Langrish; u: OPTIPRESS/Stuewer - 37 o: OPTIPRESS/Chéhu; u: OPTIPRESS/Stuewer - 38 o: OPTIPRESS/Langrish; u: OPTIPRESS/Chéhu - 39 ol: OPTIPRESS/Soumillard; om, or und u: OPTIPRESS/Langrish - 40 ol: OPTIPRESS/Flament; u: OPTIPRESS/Chéhu - 41 ul: OPTIPRESS/Chéhu; h und ur: OPTIPRESS/Langrish - 42 l: OPTIPRESS/Stuewer; r: OPTIPRESS/Langrish - 43 o: OPTIPRESS/Stuewer; m: OPTIPRESS/Soumillard; um: OPTIPRESS/Langrish; ur: OPTIPRESS/Flament - 44 ol: OPTIPRESS/Chéhu; or und u: OPTIPRESS/Langrish - 45 o: OPTIPRESS/Soumillard; m: OPTIPRESS/Chéhu;

u: OPTIPRESS/Stuewer - 46: OPTIPRESS/Chéhu - 47 o: F. Chéhu; u: J.-C. Senée - 48: F. Chéhu - 49 o: OPTIPRESS/Chéhu; u: OPTIPRESS/Soumillard - 50: OPTIPRESS/Flament - 51 o und ul: F. Chéhu; ur: OPTIPRESS/Potdevin - 52 Foto: F. Chéhu; Zeichnungen: J.-C. Senée - 53: Fotos: OPTIPRESS/Flament; Zeichnungen: J.-C. Senée - 54-55 Zeichnungen: J.-J. Hatton - Foto: OPTIPRESS /Caillière - 56 o: F. Chéhu; u: OPTIPRESS/Chéhu - 57 o und ul: OPTIPRESS/Chéhu; ur: F. Chéhu - 58-59 Foto: F. Chéhu; Zeichnungen: Y. Beaujard - 61: OPTIPRESS/Potdevin - 62-63 o: OPTIPRESS/Chéhu; u: F. Chéhu - 64-65: Y. Beaujard - 66: J.-J. Hatton - 67: F. Chéhu - 68: Y. Beaujard; 69 ol: Y. Beaujard; or: OPTIPRESS/Soumillard; u: OPTIPRESS/Chéhu - 70-71: P.-E. Dequest - 72-73: CHEVAL D'AVENTURE/Anne Mariage - 74 o: OPTIPRESS/Chéhu; u: F. Chéhu - 75: OPTIPRESS/Chéhu - 76 Zeichnung: J.-J. Hatton - Foto: OPTIPRESS/Chéhu - 77 ol: OPTIPRESS/Chéhu; om: OPTIPRESS/Langrish - 78-79: OPTIPRESS/Chéhu - 80-81: OPTIPRESS/Sarfati - 82: F. Chéhu - 83 o und ur: OPTIPRESS/Chéhu; ul: OPTIPRESS/Gratias - 84: OPTIPRESS/Chéhu - 85 o: OPTIPRESS/Chéhu; m: OPTIPRESS/Caillière; ur: GIRAUDON/Tourcoing, Musée des Beaux-Arts - 86 o: OPTIPRESS/Langrish; m und u: OPTIPRESS/Chéhu - 87: OPTIPRESS /Chéhu - 88 o: OPTIPRESS/Flament; u: OPTIPRESS/Soumillard - 89 ol und u: OPTIPRESS/Soumillard; or: OPTIPRESS/Flament - 90-91: OPTIPRESS/Chéhu - 92 o: W. Ernst; u: OPTIPRESS/Soumillard - 93 Karte: Deutsche Reiterliche Vereinigung e.V.; - 94 o: F. Nolting; u: OPTIPRESS/Soumillard - 95 o: F. Nolting; u: OPTIPRESS/Chéhu - 96 l: OPTIPRESS/Soumillard; r: OPTIPRESS/Chéhu - 97: OPTIPRESS/Sarfati - 98 o: OPTIPRESS/Flament; u: OPTIPRESS/Soumillard - 99 o: OPTIPRESS/Caillière; u: OPTIPRESS/Chéhu - 100 o und ur: CINÉ PLUS; ul: CINÉSTAR - 101 o: OPTIPRESS/Potdevin; u: OPTIPRESS/Chéhu.

Das Pferde-Logo in den kleinen Kästen wurde von A. Barbe gezeichnet.